作者简介

万凤娇，女，1981年12月生，汉族，黑龙江省七台河人，武汉理工大学物流管理专业毕业，工学博士。现为江汉大学商学院讲师，管理科学与工程专业硕士生导师，江汉大学湖北省人文社科重点研究基地（武汉城市圈制造业发展研究中心）学术秘书、江汉大学商学院湖北省重点学科（管理科学与工程）学科秘书和江汉大学商学院物流管理教研室主任。主要研究方向为物流系统分析与优化、供应链管理等。近几年来，一直从事物流管理教学与科研工作，目前主持省部级纵向项目3项，在国内外刊物上发表学术论文10余篇，作为副主编出版教材2部。

城市危险废弃物逆向物流网络优化研究

万凤娇 著

武汉大学出版社

图书在版编目(CIP)数据

城市危险废弃物逆向物流网络优化研究/万凤娇著.—武汉：武汉大学出版社，2013.10
ISBN 978-7-307-11782-2

Ⅰ.城… Ⅱ.万… Ⅲ.城市—工业废物—危险废弃物—废物处理—物流—研究 Ⅳ.X7

中国版本图书馆 CIP 数据核字(2013)第 224747 号

责任编辑：唐　伟　　责任校对：汪欣怡　　整体设计：韩闻锦

出版发行：武汉大学出版社　　(430072　武昌　珞珈山)
（电子邮件：cbs22@whu.edu.cn　网址：www.wdp.com.cn）
印刷：湖北睿智印务有限公司
开本：720×1000　1/16　印张：12.5　字数：174 千字　插页：2
版次：2013 年 10 月第 1 版　　2013 年 10 月第 1 次印刷
ISBN 978-7-307-11782-2　　定价：28.00 元

版权所有，不得翻印；凡购我社的图书，如有质量问题，请与当地图书销售部门联系调换。

本成果受湖北省社会科学基金项目"十二五"规划资助课题、湖北省人文社科重点研究基地——武汉城市圈制造业发展研究中心、湖北省重点学科——管理科学与工程资助。

前　言

在过去的二十多年里，人类开始不断意识到环境问题的存在，考虑到了人类活动给环境带来的长期影响。特别是，城市危险废弃物逆向物流网络优化中的危险废弃物的运输和处理处置带来的风险已经吸引了大众的眼球。因此，为了应对处置过程中发生事故造成的后果，应将处理或处置设施定位在人口较少的区域。另外，为了降低运输风险，需要确定从危险废弃物产生点到处理或处置设施的较为安全、合理的路线。然而，处理或处置设施的选择可能会影响路线的确定，甚至影响整个运输风险。因此，设施选址和路线安排是相互联系的，要集成考虑这两个方面。鉴于以上原因，本书研究了城市危险废弃物逆向物流网络集成优化问题，将危险废弃物逆向物流网络优化中的设施选址和运输路线优化两个问题作为一个整体来研究，统筹考虑两方面不同因素彼此间的影响，采用最优化理论、灰色预测理论、风险评价理论、组合优化理论、模糊集理论、多目标规划理论等方法进行研究，得到了相关的研究结论。本书研究所得出的结论和成果是对现有的物流系统规划理论和方法的完善，所建立的数学模型可为实际的环境保护工作提供指导，并为政府部门的科学决策提供了可参考的理论依据，具有现实意义。

本书是在借鉴国内外危险废弃物逆向物流选址—路径问题研究现状的基础上，结合当前我国城市危险废弃物产生现状，运用灰色预测理论对城市工业危险废弃物的产生量和处理量进行了预测，预测结果表明我国工业危险废弃物产生量和处理量仍将随着经济的快速增长而大量增加，应该引起国家有关部门的关注。运用风险评价方法、模糊集理论、多目标规划理论及现代智能算法的相关知识，采用理论和实例相结合，定性和定量相结合的方法，探讨了城市危险废弃物逆向物流的风险评价和城市危险废弃物逆向物流网络集成优化问题。主要研究内容分为三个部分：

第一部分是文献回顾。广泛地搜集和整理与本书相关的国内外研究文献，包括物流选址问题的研究、车辆运输路线安排问题的研究、集成物流选址—路径问题的研究、危险废弃物逆向物流选址—路径问题的研究和国内外危险废弃物逆向物流风险评价的研究，较为深入地掌握了这些方面的研究现状和动态，为本书后续的研究工作打下了基础。

第二部分是本书的主体。首先分析城市危险废弃物产生现状，并预测城市危险废弃物产生量和处理量，掌握城市危险废弃物的产生趋势，然后评价了城市危险废弃物逆向物流的风险，包括危险废弃物运输中的风险评价和危险废弃物处理处置中的风险评价，给出了危险废弃物运输总风险的计算公式，并通过实例进行验证。针对危险废弃物处理处置设施的风险的确定，提出了模糊综合评价法。其次，在对集成物流管理系统理论、组合优化理论、LRP 相关问题进行阐述的基础上，建立了模糊环境下的带时间窗约束的多仓库有容量限制的选址—路径问题（LRP）的数学模型，设计了求解 LRP 的禁忌搜索—遗传混合算法，并给出了算例说明模型和算法的应用。最后，针对危险废弃物所具有的特性，建立了区别于 LRP 的 HWLRP 数学模型，并继续应用已设计的禁忌搜索—遗传混合算法求解 HWLRP，并通过算例验证模型和算法的有效性。

第三部分是本书的研究总结和展望。在总结本书主要研究结论的基础上，指出了本书的创新点和研究的不足，并提出了进一步研究的方向。

在本书研究和写作过程中，得到湖北省社会科学基金项目"十二五"规划资助课题、湖北省人文社科重点研究基地——武汉城市圈制造业发展研究中心、湖北省重点学科——管理科学与工程和江汉大学高层次人才科研资助项目"基于禁忌搜索—蚁群混合算法的物流选址—选线问题（LRP）研究"（编号：2010003）的资助，在此谨表示衷心的感谢！

在本书的写作过程中，作者已经尽可能详细地在参考文献中列出各位专家和学者的研究成果,在此对他们的贡献表示深深的谢意。本书也有可能引用了某些资料,而由于作者的疏忽未能指出参考文献的出处,或在参考文献的标注上出现错误,在此表示万分歉意。

由于城市危险废弃物的研究还属于比较前沿的问题,本书还有许多重要的研究内容未曾探讨,同时所做的工作在许多方面尚需进行深入和细致的研究,需要不断地充实与完善。由于作者水平有限,书中难免有不妥乃至错误之处,敬请读者批评斧正。

万凤娇

2013 年 1 月于江汉大学

目　录

第1章　绪论 …………………………………………………… 1
　1.1　研究背景 ……………………………………………… 1
　1.2　研究的目的及意义 …………………………………… 5
　　1.2.1　研究目的 ………………………………………… 5
　　1.2.2　研究意义 ………………………………………… 6
　1.3　研究的主要内容与方法 ……………………………… 7
　　1.3.1　研究的主要内容 ………………………………… 7
　　1.3.2　研究方法 ………………………………………… 9

第2章　国内外研究现状综述 ………………………………… 12
　2.1　相关概念界定 ………………………………………… 12
　　2.1.1　集成物流管理系统论 …………………………… 12
　　2.1.2　物流选址—配给问题(Location-Allocation Problem，LAP) …………………………………… 14
　　2.1.3　车辆路线安排问题(Vehicle Routing Problem，VRP) ………………………………………………… 16
　　2.1.4　物流选址—路径问题(Location-Routing Problem，LRP) ………………………………………………… 18
　　2.1.5　城市废弃物及废弃物物流 ……………………… 19
　　2.1.6　危险废弃物与危险废弃物物流 ………………… 21
　2.2　国内外物流选址—配给问题(LAP)的研究现状 …… 22
　2.3　国内外车辆路线安排问题(VRP)的研究现状 ……… 24
　　2.3.1　国外车辆路线安排问题(VRP)的研究现状 …… 25
　　2.3.2　国内车辆路线安排问题(VRP)的研究现状 …… 26

2.4 国内外物流选址—路径问题(LRP)的研究现状……… 28
　　2.4.1 国外物流选址—路径问题(LRP)的
　　　　 研究现状……………………………………… 28
　　2.4.2 国内物流选址—路径问题(LRP)的
　　　　 研究现状……………………………………… 35
　　2.4.3 国内外LRP研究结论及启示……………… 36
2.5 国内外危险废弃物逆向物流选址—路径问题
　　(HWLRP)研究现状……………………………… 38
2.6 国内外危险废弃物物流风险评价的研究现状…… 39
2.7 本章小结……………………………………………… 42

第3章 城市危险废弃物产生现状及处理量预测研究……… 43
3.1 城市危险废弃物产生特性及处置………………… 43
　　3.1.1 城市危险废弃物的来源分析……………… 44
　　3.1.2 城市危险废弃物的分类…………………… 45
　　3.1.3 城市危险废弃物的特性…………………… 47
　　3.1.4 城市危险废弃物的收集…………………… 48
　　3.1.5 城市危险废弃物的运输…………………… 50
　　3.1.6 城市危险废弃物的储存…………………… 51
　　3.1.7 城市危险废弃物的处理与处置…………… 52
3.2 城市工业危险废弃物产生现状…………………… 53
　　3.2.1 城市工业危险废弃物产生现状与处理
　　　　 情况分析……………………………………… 53
　　3.2.2 城市工业危险废弃物产生量与工业总
　　　　 产值的关系…………………………………… 55
3.3 城市工业危险废弃物产生量及处理量的预测…… 57
　　3.3.1 灰色系统理论……………………………… 57
　　3.3.2 城市工业危险废弃物产生量预测………… 60
　　3.3.3 城市工业危险废弃物处理量预测………… 66
3.4 本章小结……………………………………………… 67

第4章 城市危险废弃物逆向物流的风险评价 …… 69
4.1 风险评价概述 …… 69
4.2 城市危险废弃物逆向物流风险评价的必要性 …… 70
4.3 城市危险废弃物逆向物流风险评价的特点 …… 71
4.4 城市危险废弃物物流运输中的风险评价 …… 71
4.4.1 危险废弃物物流公路运输风险评价程序 …… 72
4.4.2 危险废弃物公路运输风险评价模型及公理 …… 72
4.4.3 危险废弃物物流运输中风险的确定 …… 77
4.4.4 算例 …… 81
4.5 基于模糊综合评价法的城市危险废弃物处理中心的风险评价 …… 83
4.5.1 模糊综合评价法的基本理论 …… 84
4.5.2 危险废弃物处理中心风险评价模型的建立 …… 85
4.6 本章小结 …… 96

第5章 带时间窗约束的多仓库有容量限制的选址—路径问题(LRP)的模型研究 …… 97
5.1 组合优化问题概述 …… 98
5.1.1 组合优化问题的描述 …… 98
5.1.2 组合优化中邻域的概念 …… 99
5.1.3 组合优化问题的求解 …… 100
5.1.4 求解组合优化问题时处理约束条件的方法 …… 103
5.2 模糊集理论基本知识 …… 104
5.3 LRP 的分类 …… 106
5.4 LRP 的求解算法 …… 107
5.5 带时间窗约束的多仓库有容量限制的 LRP 问题的数学模型构建 …… 109
5.5.1 模型的目标分析 …… 110
5.5.2 基本假设 …… 110
5.5.3 模型参数及决策变量 …… 111
5.5.4 数学模型 …… 113

5.6 本章小结 ····· 115

第6章 集成物流管理系统的选址—路径问题的禁忌搜索—遗传混合算法 ····· 116
6.1 求解 LRP 的思想 ····· 116
6.2 约束条件处理方法 ····· 118
6.3 模糊变量的估算 ····· 119
6.4 求解 LAP 问题的禁忌搜索算法 ····· 119
   6.4.1 禁忌搜索算法的原理 ····· 119
   6.4.2 禁忌搜索算法的构成要素 ····· 120
   6.4.3 基于禁忌搜索算法求解 LAP 的具体实现 ····· 124
6.5 求解 VRP 问题的遗传算法 ····· 127
   6.5.1 遗传算法的遗传表示 ····· 128
   6.5.2 遗传算法的染色体的初始化 ····· 128
   6.5.3 遗传算法的遗传算子 ····· 128
   6.5.4 混合智能算法 ····· 129
6.6 算例分析 ····· 130
6.7 本章小结 ····· 136

第7章 城市危险废弃物逆向物流选址—路径问题（HWLRP）的研究 ····· 138
7.1 多目标规划问题 ····· 139
   7.1.1 多目标规划的数学模型 ····· 139
   7.1.2 多目标规划解的定义 ····· 139
   7.1.3 多目标规划的基本解法 ····· 140
7.2 危险废弃物逆向物流选址—路径问题（HWLRP）的数学模型 ····· 144
   7.2.1 问题描述 ····· 144
   7.2.2 假设和符号说明 ····· 145
   7.2.3 目标分析 ····· 148
   7.2.4 数学模型 ····· 150

7.3 算法设计 …………………………………………… 152
 7.4 算例分析 …………………………………………… 152
 7.5 本章小结 …………………………………………… 158

第8章 结论 ……………………………………………… 159
 8.1 本书的研究结论 …………………………………… 159
 8.2 本书的创新点 ……………………………………… 160
 8.3 进一步研究的工作与展望 ………………………… 162

参考文献 ………………………………………………… 163

附 录 …………………………………………………… 178
 附录1 客户与客户之间的距离表 …………………… 178
 附录2 各路段的基本信息 …………………………… 180
 附录3 废弃物产生点与潜在处理中心、填埋场之间的
    距离表 ………………………………………… 184

第1章 绪 论

1.1 研究背景

随着社会经济的快速增长和人类生产、生活水平的不断改善，大规模地开发利用资源以及城市人口的不断剧增，产生的城市固体废弃物的数量也大量增加，中国已经成为世界最大的废弃物产生地之一。据有关资料统计，2007 年，全国工业固体废弃物产生量为 17.58 亿吨，比上年增加 16%。2008 年，全国工业固体废弃物产生量为 19 亿吨，比上年增加 8.3%，工业固体废弃物综合利用率为 64.3%，比上年提高 2.2 个百分点。2009 年，全国工业固体废弃物产生量为 20.41 亿吨，比上年增加 7.3%，排放量为 710.7 万吨，比上年减少 9.1%，综合利用量(含利用往年储存量)、储存量、处置量分别为 138348.6 万吨、20888.6 万吨、47513.7 万吨。危险废弃物产生量为 1429.8 万吨，综合利用量(含利用往年储存量)、储存量、处置量分别为 830.7 万吨、218.9 万吨、428.2 万吨。2010 年，全国工业固体废弃物产生量为 24.09 亿吨，比上年增加 18.1%，排放量为 498.2 万吨，比上年减少 29.9%，综合利用量(含利用往年储存量)、储存量、处置量分别为 161772.0 万吨、23918.3 万吨、57263.8 万吨，分别占产生量的 67.1%、9.9%、23.8%。危险废弃物产生量为 1586.8 万吨，综合利用量(含利用往年储存量)、储存量、处置量分别为 976.8 万吨、166.3 万吨、512.7 万吨。2011 年，全国工业固体废弃物产生量为 32.51 亿吨，综合利用量(含利用往年储存量)为 199757.4 万吨，综合利用率为60.5%（见图1-1）。① 预计今后几十年，全国每年的固体废弃物数量还将增长。固体废弃物引发了诸多社会问题以及环境问题，严重影响着城市居民的生活质量和身体健康乃至社会的稳定和经济发展。改革开放三十多年来，我国经济取得了举世瞩目的成就，但在成就的背后，我们需要意识到高经济增长和产品快速更新换代导致的废弃物污染给环境带来了巨大的影响。城市废弃物的处理已经成为政府部门、社会和广大人民群众普遍关注的社会焦点问题。

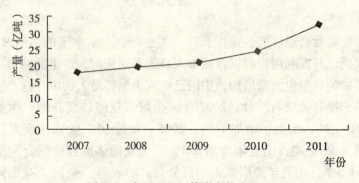

图1-1 全国工业固体废弃物产生量

近年来，我国对固体废弃物的管理工作取得了显著的成绩。2005年全国人大颁布了新的《中华人民共和国固体废弃物污染环境防治法》，国家环保总局、各省市相继成立了国家和地方固体废弃物管理中心，全国在建和拟建的危险废弃物处置中心有四十多个，县级行政区都要求建设医疗垃圾集中焚烧厂，生活垃圾的处理、处置和资源化利用技术以及固体废弃物的分类回收、集散和再利用工作也在各地普遍开展起来。2005年，中央又提出发展循环经济和建设节约型社会。这是一种以资源的高效利用和循环利用为核心，以"减量化、再利用、资源化"为原则，以低消耗、低排放、高效

---

① 参见中华人民共和国环境保护部2007—2011年中国环境状况公报（固体废弃物）。

率为基本特征，符合可持续发展理念的新经济增长模式，对实现社会经济的可持续发展具有重要的战略意义。固体废弃物资源化强调废弃物资源的回收和再利用，与循环经济之间有着非常紧密的联系，是循环经济理念在实践中较早的应用，是发展循环经济、建设节约型社会的重要内容。2005年12月，《国务院关于落实科学发展观加强环境保护的决定》也明确提出了"强化对各类废弃物的循环利用"。

人类生存与发展的物质基础是社会的物流过程，包括原料的集运、产品的生产与消费以及废弃物的产生与排放。现代物流的迅速发展已经表明，用物流的理念来进行物体的流动系统研究，对加强管理和提高经济效益具有非常重要的作用。物流产业已经成为国民经济的一个新兴产业和新的经济增长点。现代物流是指在运输、储存、装卸、物流信息、包装、流通加工等基本功能要素的基础上，利用现代管理理念，借助于现代科学技术，通过对物流整体进行系统化管理，使物流功能要素组合达到整体大于部分之和的效果，即对物流各功能要素进行了"整合"的系统。整合后的现代物流不仅包括销售物流和企业内部物流，还包括供应物流、退货物流以及废弃物物流。也就是说，在物资从供应商向消费者流动时，即重视经济效益，又重视社会效益，对生产、供应、销售过程中产生的边角料、包装物和废弃物加以回收，减少其对环境的污染。因此，现代物流是一种双向的物质流动过程，是一种闭环物流，而传统物流则是一种单向的物质流动过程，即只关注商品从生产者流向消费者，而不考虑商品消费以后包装或包装材料等废弃物物品的回收以及退货产生的物流，缺乏可持续发展的观念。废弃物物流是社会活动的必然产物，也是造成环境污染的源头之一。如何管理和规范废弃物的物流是21世纪物流活动必须面对的重要问题，必须服从于有效利用资源和保护环境为指导思想的总目标。综上所述，废弃物物流是当今经济可持续发展的一个重要组成部分，它对社会经济的不断发展和人类生活质量的不断提高具有重要的意义。

从社会资源有限性的角度分析，人类所需要的各种物资都是来自于自然界，而且随着人类社会的进步，人们生活水平的提高，人类对自然资源的开发增加，使得一些自然界不可再生的资源慢慢地减少，因此从资源紧缺性的角度考虑，人类必须考虑资源保护和对再生性废弃物的回收再利用，由此而形成的废弃物物流的研究与实践，对整个社会的发展起到了积极的推动作用。

从环境保护的角度分析，因废弃物中除了一部分可回收利用外，其余部分已丧失了使用价值，而且废弃物中含有对人体有害的物质，如果不及时有效地处理，肯定会影响到人类的生存环境。尤其是在人口密度大、企业数量多、废弃物排放量高的大城市，不经过任何处理就直接被排放到自然界中的废弃物，会严重影响农业、饮用水源和生态环境。因此，必须对废弃物进行处理，减少废弃物对自然界造成的危害。

从可持续发展和循环经济的观点来分析，在宏观层次上看，可持续发展思想的实质就是追求人与自然的和谐。1987年世界环境与发展委员会在《我们共同的未来》的报告中对"可持续发展"给出的定义是：可持续发展就是在满足当代人的各种需要的同时，不会使后代人满足他们自身需要的能力受到损害。20世纪90年代可持续发展成为全球的共识。正是因为人们已经充分认识到了社会资源的有限性，所以也就有了"循环经济"的提法，即"资源—产品—再生资源"。江泽民同志曾经指出："决不能浪费资源，走先污染后治理的路子，更不能吃子孙饭，造子孙孽。"所以从国家长远发展的观点出发，废弃物的有效处理必须加强。

在固体废弃物中危险废弃物约占3%~5%，尽管从数量上讲，危险废弃物产生量所占比重较小，但危险废弃物种类繁多、成分复杂，本身具有毒性大、易燃性、爆炸性、腐蚀性、化学反应性、放射性或极具传染性等一种或几种危害特性，且这种危害具有长期性、潜伏性和滞后性。如果对危险废弃物不加以严格控制和管理，则会因为其在自然界不能被降解或具有很高的稳定性，对生态环境和人类健康造成严重的伤害，一旦其危害性质爆发出来，产生的灾难性后果将不堪设想。此外，危险废弃物不仅仅会给城市的环境带来巨大影响，而且也限制了城市的可持续发展。为了适应当前形势发展的需要，要加强对危险废弃物的管理，最大限度地减少危险废弃物对环境和人民生命财产的损害，促进环境保护产业的健康发展，这对于实现可持续发展和改善环境质量具有重要意义。因此本书从循环经济和物流的角度，从一个全新的视角看待危险废弃物的管理问题。

城市危险废弃物产生源头极其分散，每个城市家庭、医疗单位、大型工业企业等随时都在产生危险废弃物，由于城市空间有限，所以需要将其运送到城区以外的地方进行处置，由此产生了危险废弃物物流。危险废弃物物流与其他物流活动一样，也包括收集、分类、运输、利用、储存、处理直至最终处置等过程。

在各种危险废弃物逆向物流系统的运作管理中，处理处置设施的选址和运输路线的优化问题是危险废弃物逆向物流系统战术层管理中比较重要也是很复杂的部分。很多专家学者认为，物流管理系统的成功取决于设施和运输路线的决策。因此，本书认为应从以下两个阶段来解决危险废弃物物流管理问题。第一个阶段就是决定设施的最佳定位。第二个阶段是确定最佳运输路线。设施的定位直接影响着运输风险和运输成本，为了从整体上优化危险废弃物逆向物流系统，可以将设施选址与运输路线安排结合起来对危险废弃物逆向物流系统进行全面优化，由此，出现综合考虑设施选址和运输路线优化问题的选址—路径问题（Location-Routing Problem，LRP），这样，可以在一定程度上避免由于单独考虑设施选址问题（LAP）或运输路线优化问题（VRP）所产生的一些局部优化问题。

1.2 研究的目的及意义

1.2.1 研究目的

目前在大多数的物流的理论研究和实践活动中，人们主要侧重于研究如何建立高效运行的从原材料供应到商品配送的物流系统，而对于使用价值不高的废弃物的流动问题关注得较少。实际上，整个物流活动过程应该是一个吐故纳新的过程，"吐故"就是在工业生产和生活消费过程中所产生的废弃物物资的流动，"纳新"就是供应物流，废弃物包括可回收和不可回收的两部分。从物品生产阶段开始，通过流通环节进入消费领域，物流在这个过程中发挥了重要作用。当产品成为废弃物后，一部分废弃物经过回收再处理重新具有使用价值，又投入再生产的流动过程中；其余废弃物经过处理后被送到最终处理场地。这个过程同样也需要物流的作用，这就是废弃物物流，可以说是物流在消费领域的延伸，是循环经济思想的产物，对于发展循环经济具有重大意义。而在废弃物物流中，危险废弃物具有特殊的危害性，它对人类的健康和生态环境都构成了严重的影响和潜在的威胁，具有一定的风险性，因此，在危险废弃物逆向物流中，风险因素为首要因素，其次才考虑经济因素，这有别于一般的废弃物物流。鉴于以上原因，本书研究了危险废弃物逆向物流系统集成优化问题，研究如何从众多候选地址中选出确定的处理中心和最终处置中心的位置，设计合理的收集和运输路径，构建数学模型，运用混合启发式算法进行求解，确立最终的逆向物流网络，从而形成城市危险废弃物逆向物流体系，以期丰富和完善物流系统规划理论和方法，从而为政府部门的科学决策提供可参考的理论依据。

1.2.2 研究意义

（1）本书的研究将丰富和完善废弃物逆向物流系统规划研究的理论体系，对危险废弃物系统管理具有理论和参考价值。目前国内对废弃物逆向物流系统规划理论方面的研究比较多见，而对危险废弃物逆向物流的研究较少，还属于一个全新的课题。危险废弃物逆向物流需要考虑相互冲突的目标——风险目标和经济目标，风险目标为主要目标，因此，本书充分考虑了危险废弃物运输和处理处置过程中的风险，将风险量化，为后续的模型建立打下基础。此外，本书将危险废弃物逆向物流系统中的处理处置设施选址和运输路线优化问题作为一个整体来研究，统筹考虑两方面不同因素彼此间的影响，采用最优化理论，建立危险废弃物逆向物流多目标规划模型，以总体风险最小化（包括运输风险和处理风险）、总成本最小化(包括设施建设成本和运输成本)以及风险公平最大化为目标，研究如何从众多候选地址中选出确定的处理中心和最终处置中心的位置，设计合理的运输路线。本书的研究工作具有前瞻性，有一定的理论价值和现实意义。

(2)本书的研究为解决危险废弃物逆向物流选址—路径问题提供了新的方法。国内外现有的对废弃物逆向物流选址—路径问题的研究多数是进行相关的理论研究，没有系统地给出求解问题的数学方法，本书在建立危险废弃物逆向物流选址—路径问题的数学模型后，运用目前解决组合优化问题的启发式方法之———禁忌搜索—遗传混合算法来解决问题，并给出实例验证此方法的有效性。本书的研究将丰富和完善危险废弃物逆向物流选址—选线问题的研究体系。

(3)本书的研究将为环境保护部门提供理论依据，具有一定的参考价值。本书主要针对危险废弃物逆向物流中存在的现实问题进行探讨，比如说：在哪里开设处理中心？使用何种处理技术？在哪里开设最终处置场所？如何将不同类型的危险废弃物运送到与其相对应的处理中心和如何将经处理后产生的危险废弃物残渣运送到最终处置中心？本书提出的数学模型和方法，为环境保护部门进行科学决策提供了理论依据，具有一定的参考价值。

1.3 研究的主要内容与方法

1.3.1 研究的主要内容

本书是在借鉴国内外物流选址—路径问题和危险废弃物逆向物流选址—路径问题研究现状的基础上，结合当前我国危险废弃物管理中存在的现实问题，应用多目标规划理论、组合优化理论、风险评价理论、模糊集理论及现代智能算法的相关知识，探讨危险废弃物逆向物流选址—路径问题，主要内容如下：

第 1 章为绪论。主要介绍本书的研究背景，阐述本书的研究目的及意义，对全书的主要研究内容进行概述性介绍，提出本书研究的技术路线。

第 2 章为国内外研究现状综述。首先阐述了城市危险废弃物逆向物流网络研究的理论基础及相关概念，然后对与本书研究相关的内容进行比较系统的综述，介绍国内外的相关研究成果，主要对国内外有关物流选址问题、车辆运输路线安排问题、集成物流选址—路径问题、危险废弃物逆向物流选址—路径问题和国内外危险废弃物风险评价的研究现状进行阐述，总结了已有针对城市危险废弃物逆向物流选址—路径问题的研究中存在的一些缺陷和不足，继而提出本书要解决的问题。

第 3 章为城市危险废弃物产生现状及处理量预测研究。首先分析了城市危险废弃物产生现状和特性，由于小商业和家庭产生的危险废弃物数量较少，再加上中国公民对家庭中的危险废弃物的认识有所欠缺，垃圾分类回收还处于起步阶段，因此，本章研究的城市危险废弃物主要是工业危险废弃物。结合中国环境保护局公布的历史统计数据，对城市工业危险废弃物的产生量和回收处理量进行预测，为后续章节的研究提供参考依据。

第 4 章为城市危险废弃物逆向物流的风险评价。危险废弃物是指列入国家废弃物名录或者根据国家规定的危险废弃物鉴别标准和鉴别方法认定的具有毒害性、易燃性、腐蚀性、化学反应性、传染性和放射性的废弃物。由于危险废弃物具有这些特性，所以在危险废弃物的运输和处理处置过程中，会对人类、动植物和环境造成很大的风险。因此，本书对危险废弃物逆向物流风险进行评价。具体内容包括：（1）危险废弃物运输中的风险评价；（2）危险废弃物处置中的风险评价。

第 5 章研究了模糊环境下的带时间窗约束的多仓库有容量限制的选址—路径问题（LRP），应用集成物流管理系统理论、组合优化理论、模糊集理论，在对 LRP 相关问题进行简单阐述的基础上，建立了带时间窗约束的多仓库有容量限制的选址—路径问题的数学模型。

第6章介绍了求解集成物流管理系统的选址—路径问题的方法。由于LRP问题属于NP-hard问题，精确算法只能够在问题的规模比较小的时候使用，当问题规模稍大一些，其计算量便会随着问题规模的增大而呈指数增长，因此，需要采用启发式算法求解。本章结合已有的研究成果，借鉴前人提出的算法，设计了求解问题的禁忌搜索—遗传混合算法，最后给出算例，说明了第5章模型的可行性和所提出的算法的有效性。

第7章为城市危险废弃物逆向物流选址—路径问题的研究。危险废弃物逆向物流管理系统包括废弃物的收集、运输、处理和最终处置。在危险废弃物逆向物流管理中，重点是以下两个方面：第一，确定处理处置中心的位置，即选址；第二，确定最佳运输路线，即路径确定。设施的选址直接影响着运输风险和运输成本。因此，我们在书中集成考虑了设施定位和运输路径问题，采用多目标规划理论，建立危险废弃物逆向物流的多目标规划模型，以总成本最小化（包括设施建设成本和运输成本）、总体风险最小化（包括运输风险和处理风险）以及风险公平最大化为目标，研究如何从众多候选地址中选出确定的处理中心和最终处置中心的位置，设计合理的运输路径。然后利用第6章提出的一种基于两阶段启发式算法求解危险废弃物逆向物流的设施定位和运输路径问题。第一阶段采用基于禁忌搜索的启发式算法去解决设施选址问题，确定设施的位置；第二阶段采用遗传算法去解决运输车辆路线问题。最后给出算例进行分析。

第8章作为结束语，对全书的研究进行了总结和展望，指出了本书研究的创新点、不足和进一步的研究方向。

1.3.2 研究方法

针对本书的选题和研究目的，本着理论和实际相结合、国内和国外相结合、定性和定量相结合的原则，采用以下研究方法。

（1）文献资料查阅

广泛地检索国内外与本书选题相关的文献资料，检索途径主要有网络、学校图书馆和数据库、导师提供的资料等。

（2）实地调研和问卷调查

为了了解当前危险废弃物的管理现状，主要通过实地调研和问卷调查的方法，搜集和整理相关的数据资料，以供本书算例使用。

（3）系统分析方法

本书的研究遵循系统分析的思路，强调用系统分析的方法指导本研究的总体布局，以确保整个研究体系结构的严谨性。

（4）定性和定量相结合的方法

在本书的研究过程中，主要采用定性和定量相结合的方法，对废弃物、危险废弃物物流、集成物流管理系统选址—路径问题的概念进行描述，并利用灰色预测理论对城市工业危险废弃物产生量和处理量进行预测，然后利用模糊综合评价法对城市危险废弃物物流的风险进行评价。采用多目标规划理论、模糊集理论和现代启发式算法等对模型进行求解。

（5）理论研究与实际分析相结合的方法

本书针对集成物流管理系统中存在的现实问题，包括车辆容量的限制、时间的要求、仓库容量限制和车辆运输时间不确定等问题，研究了带时间窗约束的多仓库有容量限制的选址—路径问题，建立了相应的数学模型，并给出了求解模型的禁忌搜索—遗传混合算法，保证了实例验证算法的有效性。同时本书也对危险废弃物管理中面临的现实问题，如废弃物的回收、废弃物之间以及废弃物与处理技术之间的相容性、风险公平性以及废弃物残渣的运输与处理问题等，进行系统的分析研究，建立了危险废弃物逆向物流选址—路径问题的数学模型，同样采用上述启发式算法进行了实例研究。

本书研究的技术路线如图1-2所示。

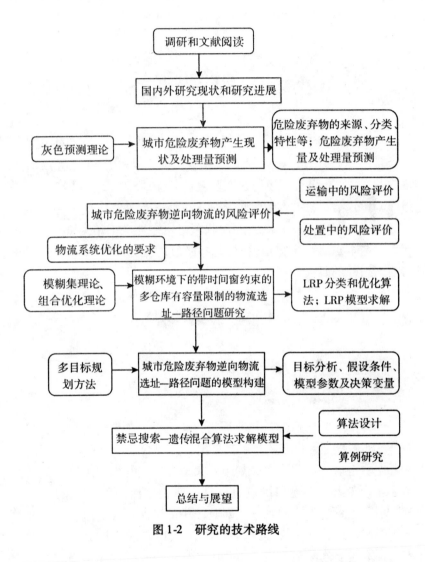

图1-2 研究的技术路线

第2章 国内外研究现状综述

本书研究的内容涉及物流选址—配给问题(LAP)、车辆运输路线安排问题(VRP)、集成物流管理系统的选址—路径问题(LRP)、危险废弃物风险评价研究、危险废弃物物流选址—路径问题(HWLRP)等，目前国内外对这些方面都进行了一定的研究，为了更好地了解国内外对其研究的现状，本章在界定了相关概念的基础上，对与本书研究内容相关的国内外大量文献进行了梳理，以了解目前国内外的研究现状。

2.1 相关概念界定

2.1.1 集成物流管理系统论

（1）集成化物流的概念

什么是集成化物流？目前理论界还没有一个统一的定义。但根据 Webster 大词典的定义，集成是把部分组合成一个整体。舒辉在其著作中将集成化物流定义如下：集成化物流是根据系统理论、协同学理论、集成理论和供应链管理，对物流活动所涉及的不同环节、不同子系统的协同管理，对物流中的商流、存货流和信息流的优化平衡，以确保物流系统的有效运行。① 集成化物流与传统的物流有着本质上的区别，它绝不是简单地搞个车队，建个仓库，拉一两笔运单，最后把货物送到就可以解决问题的。它是集运输、保

---

① 舒辉. 集成化物流：理论与方法[M]. 北京：经济管理出版社，2005.

管、搬运、包装、流通加工、配送、订单处理、信息等于一体的，并为此对各种资源进行有效配置的系统，是一种社会化的物流。

（2）集成物流系统规划

集成物流系统规划是物流发展战略的重要组成部分。集成物流系统规划主要是为了解决以下问题：客户服务目标、设施定位、运输决策战略和库存决策战略。这里我们用物流决策三角形来表示，如图2-1所示。

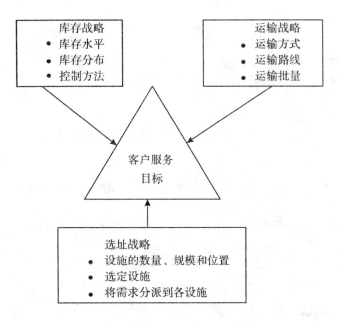

图 2-1 集成物流系统规划决策三角形

集成物流系统规划中的各个决策目标是相互联系的，各决策目标的成本之间存在着效益悖反规律，某一种决策目标成本的降低，可能会使另一种决策目标成本增加，各决策目标的成本之间的关系如图2-2所示。正因为如此，我们在进行集成物流系统规划时，必须平衡各项决策目标，保证系统在总体上达到最优，而不是追求某个单一目标最优。

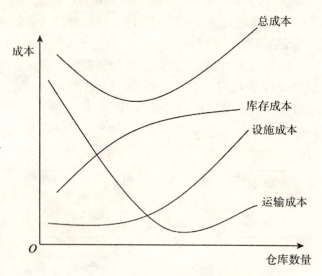

图 2-2 物流系统中各活动成本之间的关系

2.1.2 物流选址—配给问题(Location-Allocation Problem, LAP)

对于什么是物流选址，国内学者提出了以下几种比较典型的定义：

徐贤浩[1](2007)在《物流配送中心规划与运作管理》一书中给出了物流选址决策的定义：物流选址决策就是通过网络分析，优化物流节点(包括供应商、制造工厂、分销中心、仓库、配送中心等设施)的位置和数量，使物流系统获得合理的运输和库存成本，有效满足顾客的要求。

茆剑[2](2006)在其论文中介绍，物流设施的选址问题考虑的是在某一指定或不定的物流区域内，在各需求点已经给定的条件下，选择配送设施的数量和最佳位置，使物流设施的运作成本及运输成本降到最低。

物流选址—配给问题[3]的一般定义为：考虑到设施(工厂、仓库、配送中心等)的选址与客户分配之间的相互关系，对设施的数量、位置进行决策，确定出在某一地理范围内设施的数量以及位置，使设施的运作成本及车辆的运输成本最低。LAP 的实质是确定在哪里建立服务设施，同时满足特定设施的需求，从而实现资源的有效配置。

一般的 LAP 模型可以用以下的数学公式进行描述。

模型参数及决策变量：

G——可能建立的物流中心的集合，$G = \{1, 2, \cdots, n\}$；

H——所有需求点的集合，$I = \{1, 2, \cdots, m\}$；

S——所有的节点集合，$S = G \cup H$；

V——系统中所有运输车辆的集合，$V = \{1, 2, 3, \cdots, k\}$；

x_{ijk}——第 k 个运输车辆从配送中心 i 到节点 j 时为 1，否则为 0；

Z_r——在 r 处建立一个设施时为 1，否则为 0；

C——单位距离运输成本；

d_{ij}——节点 i 到节点 j 的距离；

F_r——在 r 处建立并运作一个设施的固定成本；

q_j——客户 j 的需求量；

Q_k——运输车辆 k 的容量。

目标函数为：

$$\min Z = \sum_{i \in S} \sum_{j \in S} \sum_{k \in V} C d_{ij} x_{ijk} + \sum_{r \in G} F_r Z_r \qquad (2-1)$$

约束条件为：

$$\sum_{k \in V} \sum_{i \in S} x_{ijk} = 1, \ \forall j \in H \qquad (2-2)$$

$$\sum_{i \in S} \sum_{j \in H} q_j x_{ijk} \leq Q_k, \ \forall k \in V \qquad (2-3)$$

$$\sum_{i \in G} x_{iqk} - \sum_{j \in G} x_{qjk} = 0, \ \forall k \in K, q \in S \qquad (2-4)$$

$$x_{ijk} \in \{0, 1\}, \ \forall i, j \in S, k \in V \qquad (2-5)$$

$$Z_r \in \{0, 1\}, \ \forall r \in G \qquad (2-6)$$

(2-1)式为目标函数，表示总成本最小；(2-2)式确保每一个客户仅由一个运输车辆提供服务；(2-3)式为运输车辆容量的约束；(2-4)式是一系列路线连续约束，它是指运至某一点的货物由同一辆车运出；最后两个约束条件(2-5)式和(2-6)式保证满足取整数约束。

2.1.3 车辆路线安排问题(Vehicle Routing Problem, VRP)

车辆路线安排问题(VRP)[4]是由Dantzig和Ramser于1959年提出来的,他们描述了一个将汽油运往各加油站的实际问题,并提出了相应的数学规划模型及求解算法。车辆路线安排问题一般定义为:对一系列客户节点(位置已知或可以估算),在满足一定的约束条件(如货物需求量、交发货时间、车辆容量限制等)下,合理安排车辆配送路线,使车辆有序地通过它们,实现一定的目标(如里程最短、费用最少、时间最短、使用车辆尽可能少等)。

车辆路线安排问题的原型是旅行商问题(Traveling Salesman Problem, TSP),即给定 n 个城市和两两城市之间的距离,求一条访问各城市一次且仅一次的最短路线。在多路旅行商问题(m-TSP)[5]中,m 个旅行商访问所有给定的城市,每个城市只能访问一次,所有的旅行商从同一城市出发,且最终回到该城市,求总路程最短的一组路线。

VRP是 m-TSP 的扩展,每个城市(客户)有一个需求量,每个旅行商(车辆)有一定的载重量(能力),一条路线上的客户总需求量不能超过行驶该路线的车辆的能力,求从仓库出发并回到仓库的一组总运输费用最少的路线,如图2-3所示。

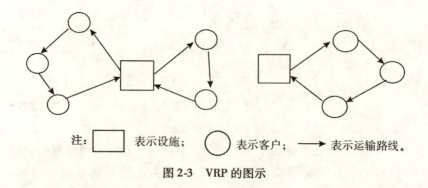

注: □ 表示设施; ○ 表示客户; → 表示运输路线。

图2-3 VRP的图示

一般的 VRP 数学模型如下[4]：
基本假设：
①每辆车从仓库出发后，沿着某条行车路线把装载的所有货物运送到指定的客户后，返回到自己所在的仓库。
②每辆车可以服务多个客户，但每个客户的货物只能由一辆车来配送。
③运输车辆为同一车型，每辆车都有容量限制。
④配送的货物为同一产品，且规格和价值相同。
决策变量和参数符号定义如下：
c_{ij}——从节点 i 到节点 j 的单位距离运输成本；
d_{ij}——从节点 i 到节点 j 的距离；
q_i——客户 i 的需求量；
Q——车辆的装载能力；
x_{ijk}——车辆 k 经过节点 i 到节点 j 时为 1，否则为 0；
y_{ik}——点 i 的任务由车辆 k 完成时为 1，否则为 0。
数学模型：

$$\min Z = \sum_i \sum_j \sum_k c_{ij} d_{ij} x_{ijk} \qquad (2\text{-}7)$$

$$\sum_i q_i y_{ik} \leq Q, \forall k \qquad (2\text{-}8)$$

$$\sum_k y_{ik} = 1, i = 1, 2, \cdots, n \qquad (2\text{-}9)$$

$$\sum_i x_{ijk} = y_{jk}, j = 1, 2, \cdots, n; \forall k \qquad (2\text{-}10)$$

$$\sum_j x_{ijk} = y_{ik}, i = 1, 2, \cdots, n; \forall k \qquad (2\text{-}11)$$

$$x_{ijk} \in \{0, 1\}, i, j = 1, 2, \cdots, n; \forall k \qquad (2\text{-}12)$$

$$y_{ik} \in \{0, 1\}, i = 1, 2, \cdots, n; \forall k \qquad (2\text{-}13)$$

(2-7)式为目标函数，要求运输成本最小；(2-8)式要求车辆装载的货物总量不能超过车辆的载重容量；(2-9)式表示每个客户只由一辆车配送且所有客户都得到服务；(2-10)式和(2-11)式表示两个变量之间的关系；(2-12)式和(2-13)式保证决策变量为整数。

基本的带时间窗约束的车辆路线安排问题(VRPTW)[4]是在一

般的车辆路线安排问题的基础上添加了时间窗约束演变而来的,因此可以将带时间窗约束的车辆路线安排问题描述为:要求车辆从仓库出发服务客户,在完成客户需求后仍需返回到仓库,规定每个客户只能被一辆车服务且仅被服务一次,且对客户的服务需要在事先给定的时间窗范围[ET_i,LT_i]内进行,其中ET_i为客户i允许的最早开始服务时间,LT_i为客户i允许的最晚开始服务时间,如果车辆抵达客户i的时间早于ET_i,则车辆需要在客户i处等待,如果车辆抵达用户i的时间晚于LT_i,则客户i的需求要延迟进行。求满足客户需求的费用最小的车辆行驶路线。其数学模型是在上述介绍的一般VRP数学模型的基础上增加时间约束条件。假设at_i表示车辆在客户节点i的抵达时间,wt_i表示车辆在客户节点i的等待时间,st_i表示车辆在客户节点i的服务时间,t_{ijk}表示第k辆车从节点i到节点j行驶所用时间。则时间约束条件为:

$$at_i \leqslant LT_i, i=1,2,\cdots,n \tag{2-14}$$

$$ET_i \leqslant at_i + wt_i \leqslant LT_i, i=1,2,\cdots,n \tag{2-15}$$

$$at_0 = wt_0 = st_0 = 0 \tag{2-16}$$

$$wt_i = \max\{0, ET_i - at_i\}, i=1,2,\cdots,n \tag{2-17}$$

$$at_i \geqslant 0, wt_i \geqslant 0, st_i \geqslant 0, i=1,2,\cdots,n \tag{2-18}$$

(2-14)式表示车辆到达客户i的时间不允许超过客户允许的最晚开始服务时间;(2-15)式要求客户i的开始服务时间必须介于允许的最早开始服务时间和最晚开始服务时间之间;(2-16)式表示起点的时间参数设置;(2-17)式为等待时间的计算公式;(2-18)式要求时间变量为非负数。

2.1.4 物流选址—路径问题(Location-Routing Problem,LRP)

一般的物流选址—路径问题(LRP)[6]可以表述为:给定了与实际问题相符的一系列客户点和一系列潜在的设施点,在这些潜在的节点中选择出一系列设施的位置,同时要确定出从各个设施到各个客户点的运输路线,确定的依据是满足问题的目标(通常是总的费用最小)。客户节点的位置和客户的需求量是已知的或可估算的,货物有一个或多个设施供应,每个客户只接收来自一个设施的货物,潜在设施点位置已知,问题的目标是把哪些潜在的设施建立起来,以使总的费用最小。可以说 LRP 是 LAP 与 VRP 的集成,但比后两者更复杂。选址(Location)、分配(Allocation)、车辆路线(Routing)三者之间的关系如图 2-4 所示。

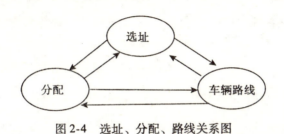

图 2-4　选址、分配、路线关系图

由此可见,选址、分配、车辆路线三者之间相互影响,相互作用,构成一个有机物流系统。其具体的数学模型将在后面章节做详细的介绍。

2.1.5　城市废弃物及废弃物物流

城市是一个新陈代谢的系统,具有相应的物质代谢功能,因而在生产和消费过程中会产生一系列的代谢物质,有一部分可以再回收利用,有一部分是不可再回收的代谢物质,称为废弃物。

废弃物是指在生产建设、日常生活和其他社会活动中产生的,在一定时间和空间范围内基本或者完全失去使用价值,无法回收和利用的排放物。城市废弃物物流是指将经济活动中失去原有使用价值的物品,根据实际需要进行收集、分类、加工、包装、搬运、储存等,并分送到专门处理场所时所形成的物品实体流动。

城市废弃物管理的要求及目标可以表示为图 2-5。

(1) 减量化、资源化、无害化

减量化、资源化、无害化是我国城市废弃物管理的方针。减量化指的是通过政策法规和经济管理、技术管理等各种手段,影响和

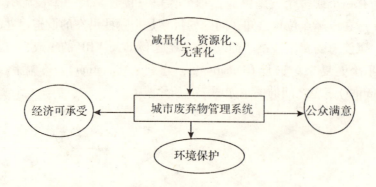

图 2-5　城市废弃物管理战略的要求和目标

规范产品的设计、生产、销售、使用以及废弃物的产生、收集、处置等各个环节，从而在各个环节减少废弃物的产生量或转化已产生的废弃物，达到削减进入最终处置设施的废弃物数量的目的。废弃物减量化可以分为产生减量、排放减量和处理减量三种基本实现形式。其中，产生和排放减量，发生在废弃物进入清运、处理处置系统之前，可归为源头减量范畴；处理减量则属于后端转化减量。资源化是指通过合理的产品设计、源分离收集（废品回收和分类收集）以及各种回收利用技术使在消费使用后产生的废弃物最大限度地转化为可再利用产品；其利用过程不会对环境造成"二次污染"，且能产生一定的经济效益。无害化是指通过各种手段，使城市废弃物处理处置过程达到国家标准，其处置过程不会对环境和人类产生不良影响。目前废弃物主要的无害化实现形式有：源头分类与分选回收处理、生化处理、焚烧处理、填埋处理。

(2) 环境保护

环境保护是城市废弃物逆向物流系统的首要目标，指不影响人类的健康舒适生活环境，并可实现环境、社会的可持续发展。

(3) 公众满意

人们希望城市废弃物管理和环保的服务能够本着为公众友好服务的精神，提高人们的生活水平，改善人们的生活环境。

(4) 经济可接受

将成本控制在较低的水平，需要综合考虑多方面的因素，包括投入的人力资源、设备、土地和技术等。与优化前的系统相比，一个经济可接受的新系统的投入应该基本上少于原有系统或者与原系统持平。

2.1.6 危险废弃物与危险废弃物物流

"危险废弃物"这一名称来源于英文"Hazardous Waste"，可译为"有害废弃物"等。这一名词首先出现在美国资源回收法中，指具有毒性、易燃性、反应性和放射性的固体、半固体以及除废水外的液体。我国在1989年之前习惯称之为"有害废弃物"。1995年10月30日《中华人民共和国固体废弃物污染环境防治法》公布后改称"危险废弃物"。关于危险废弃物的定义，各个国家和组织说法不一。根据UNEP1985年12月举行的危险废弃物环境管理专家工作组会议上的定义[7]，危险废弃物是指除了放射性废弃物以外，由于其化学反应性、毒性、易爆性、腐蚀性或其他特性能够或者可能危害人类健康或影响环境的废弃物。这是比较普遍的定义。2005年4月1日起实施的《中华人民共和国固体废弃物污染环境防治法》对危险废弃物的定义如下："危险废弃物是指列入国家废弃物名录或者根据国家规定的危险废弃物鉴别标准和鉴别方法认定的具有毒害性、易燃性、腐蚀性、化学反应性、传染性和放射性的废弃物。"

根据中华人民共和国国家标准GB/T18354—2001《物流术语》中的表述，危险废弃物物流(Hazardous Waste Material Logistics)[8]是指将经济活动中失去原有使用价值的危险物品，根据实际需要进行收集、分类、加工、包装、搬运、储存，并分送到专门处理场所时所形成的物品实体物流。在这里，废弃物物流的作用是不考虑对象物的价值或对象物没有再利用价值，仅仅从环境保护的目的出发，对其进行焚化、化学处理或运到特定地点堆放、掩埋。

2.2 国内外物流选址—配给问题 (LAP) 的研究现状

选址决策是实现物流系统高效运营的最重要、最困难的决策，属于长期的战略决策。在国外，设施选址研究比较成熟，已有60余年的历史，已经出现很多的模型和算法，甚至已经开发出了一些软件来解决选址问题。关于物流选址问题的研究可以追溯到 Alfred Weber 于 1909 年提出的单一仓库选址问题研究[9]；随后，Hotelling 于 1929 年提出了一条直线上两个竞争供应商的选址问题[10]。但在这段时间选址理论的研究仅局限在几个不相关的领域内，未形成系统的理论。直到 1964 年，Hakimi 考虑了一般情形下的选址问题，使得选址问题真正受到关注[11]。至此，国外对选址问题的研究进入快速发展时期。进入 20 世纪 80 年代以后，随着现代物流理念的产生，物流选址问题的研究内容更加丰富。笔者以 Facility Location 以及 Location Allocation 为检索词，检索到相关文献一万多篇。

在国内，对物流选址问题的研究起步较晚。1985 年蔡希贤教授编译了《物流合理化的数量方法》[12]，对流通中心的选址问题做了一般性研究，使用重心法、Baumol-Wolfe 方法对流通中心的选址进行了分析，并用混合整数规划进行求解。而后，随着物流研究的兴起，人们开始关注物流中心的选址问题。对物流选址问题已经积累了一些研究成果，主要有以下一些有代表性的文献和观点：

刘海燕等[13]研究了具有分段线性成本函数的物流中心选址问题，建立了混合整数规划模型，目标是使系统的总成本最小，并提出了基于 Benders 分解思想的算法。汝宜红等[14]编著了《配送中心规划》，对配送中心的布局进行了研究，使用的方法仍主要是重心法、Baumol-Wolf 方法。蔡临宁[15]编著的《物流系统规划——建模及实例分析》中对物流中心选址问题进行了分析，使用了交叉中值、P-中值等方法。严冬梅[16]系统研究了竞争条件下的、动态的和虚拟物流中心的选址决策问题。潘文安[17]从交通区位条件、经济区位条件两个维度建立了物流园区选址评价指标体系，并作为案例分析对选址评价指标体系进行了应用。茚剑[2]在其硕士论文中研究了供应链物流设施选址优化问题，建立了随机需求驱动下，综合库存、运输和建设优化的多级设施选址规划模型，并采用有良好局部搜索能力的模拟退火算法与擅长全局搜索的遗传算法相结合的混合优化算法进行求解。陆超等[18]在分析物流中心选址影响因素的基础上，结合城市对称分布理论，提出全国性的物流中心应该分布在大城市，并且满足我国城市空间分布的地理对称分布特点，初步确定了全国性物流中心的个数和结构形态，最后采用层次分析法进行定量分析，确定全国性物流中心的具体方位。杨珺等人[19]研究了带服务半径的服务站截流—选址问题，建立了 0-1 整数规划模型，并利用贪婪算法对问题求解。刘海龙[20]研究了不确定环境下的物流中心选址问题，对经典的多个物流中心地址选择模型——Kuehn-Hamburger 模型的问题定义和假设进行了修正，在基于时间约束的确定环境下的选址模型的基础上，提出了基于时间约束的需求随机和运输时间模糊不确定环境下的选址基本模型以及扩展模型，并设计了基于模糊随机模拟的遗传算法求解问题。张华等人[21]综合考虑定性分析与定量评价，利用粗糙集理论获得指标的权重，通过群决策方法获得备选地的综合评价值，建立了一个双目标优化模型。王保华和何世伟[22]研究了不确定环境下物流中心的选址优化问题，在随机优化模型的基础上，采用遗憾模型的形式构建了相关问题的鲁棒优化模型，并给出了求解鲁棒优化模型的两种方法——枚举法和遗传算法。刘志敏等人[23]采用新提出的智能优化算法——改进和声算法对产业集群区域物流中心的选址模型进行求解。

通过分析研究相关文献资料，可以看出目前对物流选址问题的研究方法可以分为定性和定量两种。定性与定量相结合的方法主要是用层次分析法和模糊评价法对各备选方案进行评价，以确定最优选址方案。定量方法主要包括：重心法、覆盖模型、P-中值模型、CFLP 法、Baumol-Wolf 法、Kuehn-Hamburger 模型、Blson 模型、双层规划法、遗传算法等。

但是上述文献资料仅仅是单独地从设施选址的方面来优化物流

系统，没有把物流系统中较为重要的车辆运输路线安排问题与设施选址问题综合进行考虑。而在现代物流系统中，设施选址与车辆运输路线安排问题存在效益悖反关系，运输成本在整个供应链的成本中所占的比例很大，因此，单纯地在设施选址确定之后再进行运输路线选择通常会导致系统总成本增加。

2.3 国内外车辆路线安排问题(VRP)的研究现状

车辆路线安排问题是物流系统优化中的核心问题，它通过对货物的运输路线进行优化，在满足客户需求的前提下，尽量以最低的运输成本将货物送达目的地。自1959年Dantzig等人提出VRP以来，车辆路线安排问题成为国内外学者研究的热点，围绕着问题建模和求解算法研究发表了大量的文献，本节将对国内外有关车辆路线安排问题的研究文献进行简单的综述。

曹二保[24]根据构成车辆路线安排问题的要素对该问题进行了分类，如表2-1所示。

表2-1　　　　　　　　车辆路径问题的分类

所要考虑的因素	具体内容
目标性质	1. 最小化总的车辆数；2. 最小化总的行驶距离；3. 最小化车辆空驶里程；4. 最小化客户等待时间；5. 最大化客户满意率；6. 最小化总的服务时间
优化目标数量	1. 单目标；2. 多目标
车场数目	1. 单车场；2. 多车场
车辆对车场的所属关系	1. 车场封闭；2. 车场开放
车辆类型	1. 单车型；2. 多车型
车辆载货情况	1. 非满载；2. 满载

所要考虑的因素	具体内容
车辆载货任务特征	1. 纯载货问题；2. 纯取货问题； 3. 送货和取货混合问题
客户特征	1. 对点服务；2. 对弧服务；3. 混合服务
时间窗	1. 无时间窗；2. 软时间窗；3. 硬时间窗
客户需求	1. 确定性；2. 非确定性
信息特征	1. 静态型；2. 动态型
其他特殊约束	1. 网络类型；2. 客户关系；3. 车辆关系

2.3.1 国外车辆路线安排问题(VRP)的研究现状

国外对车辆路线安排问题做了大量深入的研究。从 EI 和 SCI 检索到 1969—2011 年有关 VRP 的文献有 9500 多篇。大多数是对 VRP 的算法进行研究。Brame 等人[25]建立了带时间窗的车辆路径问题的集覆盖问题，首先利用列生成法求得线性规划问题的最优解，然后利用分支定界法求得线性整数规划问题的最优解。Lysgaard[26]利用可达性切割技术求解了带时间窗的车辆路径问题，实验证明该技术可以产生更好的下界。Erkut 等人[27]对开放式危险品运输问题进行了研究，问题中运送危险品的卡车允许停留在某一用户节点，文献利用动态规划方法进行了求解并取得了较好的结果。Azi 等人[28]基于原始的最短路径算法设计出一种精确算法用于单车带时间窗的车辆路径问题求解，实验表明该算法可以有效处理 25~38 个用户规模的问题。以上文献都是利用精确算法求解车辆路径问题，但在实际中，由于问题规模较大，利用精确算法无法在有效时间内求得最优解，很多专家开始着力研究利用启发式算法对 VRP 问题进行求解。Bienstock 等人[29]利用 SWEEP 算法求解了满载配送的基本车辆路径问题，实验表明 SWEEP 算法具有较强的鲁棒性。Berger 等人[30-31]利用遗传算法求解有时间窗的车辆路径问题，并以实例证明遗传算法的有效性。Li 等人[32]在应用插入算法和扫除算法初始化路线后，将邻域搜索方法与模拟退火程序相结合实现路线改进。Moghaddam 等人[33]对多车型独立路径长度的基本车辆路径问题进行了研究，文献结合最近邻域规则提出混合模拟退火算法用于问题求解；Berman 等人[34]对网络多目标路线布局问题进行了研究，基于贪婪思想设计启发式算法用于问题求解，实验表明算法的求解效率和解的性能均优于同类型其他算法。Archetti 等人[35]利用禁忌搜索算法求解了非满载的车辆路径问题，实验结果表明禁忌搜索算法对解的改进效果比较明显。Garcia-Najera 和 Abel[36]研究了带时间窗的车辆路径双目标优化问题，并采用了路径相似性来提高性能。Minocha 和 Bhawna[37]采用混合遗传算法解决车辆路径问题和调度问题。

VRP 在国外经过了几十年的研究，到目前为止，有大量的研究成果。从以上文献可知目前求解 VRP 问题的方法很多，可以分为精确算法和启发式算法两大类。精确算法是指求出其最优解的算法，主要有：分支定界法、割平面法、网路流算法、动态规划法等。由于精确算法的计算量一般会随着问题规模的增大而呈指数增长，在实际中其应用范围很有限。而启发式算法是目前求解 VRP 的较好方法，它可以用来求解大规模的 VRP。启发式算法可分为构造性算法、两阶段法、不完全优化算法及改进型算法等。此外，还有一类算法就是近几十年内发展起来的智能优化算法，如禁忌搜索算法、蚁群算法、遗传算法、模拟退火算法等。

2.3.2　国内车辆路线安排问题(VRP)的研究现状

国内对车辆路线安排问题的研究是在 20 世纪 90 年代以后才逐渐兴起的，比国外滞后了 30 余年，1994 年郭耀煌教授等人最早对车辆路径问题进行了系统的研究，并出版了国内第一部关于车辆路径问题的专著《车辆优化调度》。[38]随后几年时间，对车辆路径问题的研究进入了停滞阶段，有关这方面的文献很少，直到 2001 年，李军教授等在《车辆优化调度》的基础上，出版了《物流配送车辆优化调度理论与方法》一书[4]。在此之后，对车辆路径问题的研究进入了高速发展阶段，通过中国期刊网数据库检索，到 2011 年为止，与 VRP 方面有关的文献有上百篇，多数为算法方面的研究。张建勇[39]在其博士论文中研究了模糊需求信息条件下的 VRP 问题,通过引入决策者主观偏好的概念,建立了模糊机会约束规划模型,给出了修正的 C-W 节约算法和基于模糊逻辑的混合遗传算法求解问题。符卓[40]在其博士论文中对带路程长度和装载能力约束的开放式车辆路径问题进行研究,提出了禁忌搜索算法对问题进行求解。郎茂祥[41]利用模拟退火算法求解了装卸一体的车辆路径问题,实验结果表明模拟退火算法可以有效地对问题求解,且解的性能较高;刘云忠等[42]给出了车辆路径问题的模型及算法研究综述。娄山佐[43]在其博士论文中研究确定性大规模 VRP,分为单库房问题和多库房问题两种情况,设计了一种基于大系统分解协调技术的新解决方法。刘兴[44]在其博士论文中给出了多车辆(包括两辆车、三辆车、四辆车)的协作路径策略,分析了策略的效果;探讨了大规模物流系统的车辆协作问题,提出了改进的 SWEEP 策略和分区协作的策略。陆琳[45]在其博士论文中研究了不确定信息车辆路径问题及其算法问题,主要对随机车辆路径问题、模糊车辆路径问题以及动态车辆路径问题等进行了研究;系统阐述了求解车辆路径问题的各类启发式算法,并在此基础上提出了最大熵分布估计算法、自感应蚁群算法、混合粒子群算法。刘霞[46]在其博士论文中对最小—最大车辆路径问题和三种动态车辆路径问题进行了研究。马华伟[47]在其博士论文中提出了利用"最先过期用户优先"规则用于求解带时间窗问题及其扩展问题,并建立了多时间窗的车辆路径问题和时变的带时间窗车辆路径问题的数学模型,并利用模拟退火算法进行求解。唐连生[48]在其博士论文中就突发事件引起的基于连通可靠性、行程时间可靠性和应急物流配送的车辆路径问题进行了深入研究,并利用蚁群算法对问题进行求解。马建华等人[49]在其论文中研究了以最快完成为目标的多车场、多车型车辆路径问题,并给出了求解问题的变异蚁群算法。曹二保[24]在其博士论文中研究了几类物流配送车辆路径问题的模型和算法,提出了相应的数学模型,并构造了几种有效的亚启发式算法求解相关问题。

国内外关于车辆路径问题的研究,虽然考虑了整个运输过程中的车辆路线安排问题,但是由于其假设设施的位置是固定的,而在实际中，很多设施的位置并不是确定的，这就给整个物流系统的优化带来很大的问题，存在一定的局限性。

2.4 国内外物流选址—路径问题(LRP)的研究现状

2.4.1 国外物流选址—路径问题(LRP)的研究现状

LRP概念的建立可追溯到 Von Boventer[50]关于运输问题中的运输成本和定位成本的相互关系。Webb[51]将设施定位时所使用的瞬间运输成本(设施与客户间的运输费用是基于他们之间的直接往返运输)与客户间多点停留运输线路的实际运输成本进行比较指出：使用瞬时运输成本函数近似表示实际运输线路成本是不准确的；早期的研究者远远没有抓住 LRP 的整体复杂性，甚至于他们没有正式提出 LRP 的概念，不过他们最早认识到定位与运输决策之间的密切关系。

后来，Cooper[52-53]把定位问题和运输问题结合起来，提出了运输—定位问题，对运输—选址问题进行了研究和概括，目的是寻找供应源的最优地址并最小化从这些供应源到目的地之间的运输成本。但是他所进行的研究并没有真正在运输网络基础上设计巡回运输线路，因此，严格地讲这些研究并不是完全意义上的 LRP 问题研究。Tapiero[54]改善了 Cooper 的研究，他把时间的复杂性引入普通的运输定位模型中。然而这一时期的研究都没有考虑到在整个运输网络中的巡回运输线路问题，而是一些局部区域的巡回，这与实际的 LRP 问题是不完全符合的。

Watson-Grandy 和 Dohrn[55]是最早将运输车辆多点停留特性与多设施定位—运输路线安排问题结合起来研究的学者。由于定位—运输路线集成问题是设施选址和车辆路径问题这两个 NP-hard 问题的组合，通常定位—运输路线集成模型求解都很困难，因此，对该类问题的研究进展相当缓慢。真正的 LRP 研究是在 20 世纪 70 年代末到 80 年代初得到发展的。我们知道运筹学主要是以实际应用为原则进行研究的,所以,很多专家开始针对实际问题研究 LRP。Or 和 Pierskalla[56]研究了为医院服务的血库的分配和运输模型。Jacobsen 和 Madsen[57-58]对报纸配送系统进行描述,引入启发式算法去解决系统的 LRP 问题。Nambiar 等人[59]研究了市中心橡胶加工厂的大规模定位分配问题。Perl[60]在其论文中分析了仓库定位—运输问题。后来 Perl 和 Daskin[61-62]建立仓库定位—运输问题的数学模型,并对前面所提出的 WLRP 进行了一些修改,提出了解决问题的 WLRP 的方法。Madsen[63-64]对求解定位—运输路线集成问题的方法进行了分析,后来又给出了有现实维度的两阶段定位—运输路线集成问题的方法。Balakrishnan[65]等人认为集成设施定位和车辆路径的数学模型研究是近期也是将来的研究方向。Daskin[66]考虑了随机时间的紧急服务的设施定位、车辆分配以及路线的选择的问题。Laporte[67]也研究了定位—运输路线问题,并给出了数学模型,后又与 Dejax[68]研究了动态定位—运输路线问题。

  到了 20 世纪 90 年代后,许多专家学者对定位—运输路线问题进行了更加深入的研究,主要是针对更为具体和现实的问题建立模型。Simchi-Levi[69]研究了有容量限制的旅行商定位问题。Current 等人[70]分析了多目标的运输网络设计及路线选择问题,并对其进行了分类和注释。Srisvastava[71]提出定位—运输路线问题的可供选择的方法,用一种改进的多仓库节约法(Tillman)来近似代替运输路线成本,从而求解具有随机需求的多阶段配送问题。Stowers 和 Palekar[72]在其论文中分析了考虑路线的设施定位模型。Berman 等人[73]研究了具有不确定性的定位—运输路线问题。后来 Berman 和 Averbakh[74-75]对一条路径上 p-delivery men 问题的定位—运输进行了研究,1995 年两人又对销售配送人员的行进路线和销售配送设施定位问题进行了研究。Min[76-77]指出了集成终端定位分配及路线问题的研究现状,并给出将来研究的方向。Y. Chan 等人[78]建立了一个多仓库、多车辆、随机需求的定位—运输路线问题的数学模型,并给出求解的数学方法。Lin 等人[79]研究了货币配送系统中的定位、运输和装卸问题。Feenandez 和 Peurto[80]研究了多目标无容量限制的仓库定位问题。Liu[81]和 Lin[82]认识到了库存控制在物流管理中的重要性,将其引入定位—运输路线问题中(CLRIP),并给出了一个求解 CLRIP 的两阶段启发式算法。

Cornuejol 等人[83]在用精确算法求解银行定位优化问题时指出:如果设施的位置确定,LRP 可简化为多仓库的 VRP 问题。设施定位问题(FLP)和 VRP 被称为 LRP 的子问题,因此,LRP 问题是 NP-hard 问题。Lenstra 和 Rinnooy Kan[84]在研究车辆运输调度问题的复杂性时,也认为 LRP 是 NP-hard 问题。由于 LRP 问题的复杂性,精确求解 LRP 问题很困难,Laporte[85-89]在精确求解方面作出了重要贡献。Laporte 和 Nobert[85]最早研究了不受巡回线路长度限制的 LRP 问题的精确算法。他们用公式描述了整数规划,并采用放宽约束条件的方法解决这一问题。后来 Laporte 等人[86-87]用类似的精确方法解决了有能力约束和无能力约束限制的多设施 LRP 问题。之后在先前研究的基础上,Laporte 等人[88]研究了多仓库的 VRP 问题和 LRP 问题,通过图上作业法将多仓库的 LRP 和 VRP 问题转化为等阶的,具有约束限制的分配问题,利用 Branch-and-bound 方法进行求解,并给出了具有 80 个节点的 LRP 实例进行验证。还将 LRP 的精确求解方法分成了四类:(1)直接树搜索;(2)动态规划方法;(3)混合整数规划方法;(4)非线性规划方法。Laporte 等人[89]还研究了随机 LRP 模型,在随机 LRP 模型中仅仅当车辆到达客户处时才知道其需求量,求解该模型时在第一阶段先不考虑客户的真实需求信息,因此必然会有违背路径运输能力约束的决策产生,如果发生这种情况,可以在第二阶段中采用校正规则进行修正,由于受求解算法的一些内在因素的限制,其只能适用于具有 30 个以下节点的网络,对于仓库和顾客等节点数量都必须加以严格限制。Bookbinder 和 Reece[90]定义了三层多商品有容量限制的配送体系(工厂—配送中心—顾客),建立了非线性混合整数规划模型,并且结合 Benders 分解法将问题分解成定位配给(LAP)和运输问题(VRP)两个部分。Boffey 和 Karkazis[91]建立了受路径约束的 LRP 问题的集合分割模型,应用精确方法求解问题,并成功应用于实际。Lysgaard 等人[92]和 Belenguer 等人[93]研究了有容量限制的 LRP 问题和 VRP 问题,并应用精确方法中的分支定界法求解问题。

Berger 等人[94]对距离受限的设备布局—路径问题进行了研究，建立了问题的集覆盖模型，并利用分支定价法进行了求解，实验表明算法可以有效求解10个设备、100个用户规模的问题。

以上是应用精确算法求解 LRP 问题的研究，从中可以看出，精确算法只适合求解小规模的 LRP 问题，对节点数目有严格的限制，为20~50个客户，随着研究对象的增多，采用启发式算法解决大规模的 LRP 问题是适当的。

目前，由于实际问题的复杂性，多采用启发式算法来解决 LRP 问题，这有利于对问题进行灵敏度分析。Golden 等人研究了车辆路径的模型和启发式算法[95]。Jacobsen 和 Madsen[58]以及 Srikar 和 Srivastava[96]研究了两阶段定位—运输路线问题，给出在能力限制、巡回路线长度等约束条件下的 LRP 模型，将 LRP 问题分解为以下三个子问题：(1)设施选址；(2)需求分配；(3)车辆运输路线安排，并提出了求解的启发式算法。Perl 和 Daskin[61]提出了三阶段算法解决考虑配送中心可变成本和配送中心能力的复杂 LRP。Simchi 和 Berman[97]研究了旅行商选址问题的启发式算法。Sriastava 和 Benton[98]提供了三个解决 LRP 模型的启发式算法，并且分析了影响求解的几个环境因素。Sriastava[71]同样也给出了三阶段启发式算法求解 LRP，同时探讨了一些环境因素对算法性能的影响。在算法第一阶段，假设所有潜在设施都开放，然后使用开放设施的近似路径成本来决定所要关闭的设施，在路径和设施关闭阶段不断迭代，直到达到所期望开设的设施的数量为止。在算法第二阶段，采用相反的方法，一个接一个地增加设施。在算法第三阶段，生产客户最小扫描树来对客户进行聚类，并采用密集搜索技术将其分解成期望的聚集数。根据计算实例，这些算法都优于 Sriastava 在其文中提及的顺序算法。顺序算法在实际中应用较多，首先应用瞬间成本近似法确定设施位置，然后采用改进节约算法解决多仓库路径问题。Chien[99]研究了仓库无限制而车辆有容量限制的 LRP 问题，根据所求解问题的空间特征，利用两个路线长度估计量来计算巡回运输路线费用，并用启发式算法进行求解。Hansen 等人[100]研究了无具体时间窗的仓库定位—运输路线问题，并应用节约启发式方法求解问题。Salhi 和 Fraser[101]使用迭代法，对选址和运输路线安排两个阶段连续交替地进行循环计算，直到满足预先设置的循环终止准则，并且在他们所构建的模型中考虑了具有不同运输能力即不同车型的运输车辆问题。Nagy 和 Salhi[102-103]把运输路线安排问题看做在一个更大的选址问题里的子问题，采用嵌套的启发式算法和禁忌搜索算法成功解决了 400 个客户的 LRP 问题。Tuzun 和 Burke[104]提供了一个求解 LRP 问题的两阶段禁忌搜索算法。求解算法的两个阶段：(1)选址阶段；(2)运输路线安排阶段。在选址阶段使用禁忌搜索算法得到一种好的设施选址结构后，便转向运输路线安排阶段，并使用禁忌搜索算法获得一个与已得到的选址结构相对应的优化运输路线，这两阶段反复、连续运算，直到满足预先设置的终止条件。Tai-His Wu 等人[105]研究多仓库定位—运输路线问题，在所建立的模型中考虑了车辆派遣费用和不同车辆具有不同运载能力的约束，把 LRP 问题分解为选址—分配问题和车辆路径问题。利用 SFC(Space Filling Curves)法得到 LAP 问题的初始解，接着使用模拟退火结合禁忌搜索算法得到 LAP 问题的改进解，接着使用此时的选址方案分配运输车辆，然后再进入 VRP 问题求解模块，使用模拟退火结合禁忌搜索算法获得与已求得的选址方案相对应的车辆运输路线安排，最后把已求得的运输路线上的所有客户当成一个大的需求点，重复上述的 LAP 模块和 VRP 模块的求解过程，直到满足收敛准则为止。采用这种两阶段混合启发式方法能够有效解决 150 个节点的问题。Albareda 等人[106]提供了一个求解仓库有容量限制和一个仓库仅有一条线路的 LRP 问题的禁忌搜索算法。应用整体线性规划方法巡回求解得到仓库定位的初始解，然后通过重新分派一个客户到另一个仓库或交换两个客户优化路线，如此循环，直到满足收敛准则为止。Michael 和 Gunther[107]研究了包裹运输服务供应商的多仓库集成定位—运输路线问题模型和算法，问题涵盖了装卸配送设计这一实际情况。由于问题的复杂性，提供了求解问题的启发式算法，并给出实例证明的有效性。Jan 等人[108]考虑了非线性成本因素，建立有容量限制的静态的确定的 LRP 问题模型，给出了求解问题的禁忌搜索算法。首先使用了 P-中介方法得到初始解,然后应用可变邻居方法(VNS)和禁忌搜索算法获得更优解。Lin 和 Kwok[109]给出多目标定位—运输路线安排问题的数学模型,将问题分解为两个子问题:设施定位阶段和车辆路径安排阶段,并采用禁忌—搜索模拟退火混合算法求解问题。最后给出实例,比较这种混合算法与单独采用两种算法的优劣,实例证明应用禁忌搜索—模拟退火混合算法可以得到更优解。Rafael 等人[110]提出一个有时间窗约束、有容量限制的多目标定位—运输路线安排问题,应用多目标元启发式算法——禁忌搜索算法求解问题。Sergio 等人[111]研究了有容量限制的 LRP 问题,由于问题的复杂性,在求解问题时,将群集技术(Clustering Techniques)融入启发式算法中,并分析这种算法的灵敏度。Maria 等人[112]定义了随机 LRP 问题,并建立了两阶段模型,在模型第一阶段确定了开设的工厂和一系列路线。在第二阶段,跳过一些顾客更改之前的路线,提供了一个两阶段启发式算法解决 SLRP 问题,同时分析了问题的下界。

从上述介绍可以看出国外对 LRP 的研究开始得较早,迄今为止,有关 LRP 的模型、算法的研究及综述文章和论著已有数百篇。表 2-2 概括了一些主要研究实际应用的 LRP 问题的文献,给出了文献研究的主要内容和研究的规模(包括潜在仓库的数量和顾客的数量)。

表 2-2　　　　　　　　　　LRP 的应用

作　者	应用领域	国家/地区	设施数	顾客数
Watson-Gandy 和 Dohrn(1973)	食品和饮料配送	英国	40	300
Or 和 Pierskalla(1979)	血库定位	美国	3	117
Jacobsen 和 Madsen(1978)	报纸配送	丹麦	42	4510
Nambiar 等(1981)	橡胶厂定位	马来西亚	15	300

续表

作者	应用领域	国家/地区	设施数	顾客数
Perl 和 Daskin(1984,1985)	货物配送	美国	4	318
Labbe 和 Laporte(1986)	邮筒的定位	比利时	没有给定	没有给定
Nambiar 等(1989)	橡胶厂的定位	马来西亚	10	47
Semet 和 Taillard(1993)	食品杂货店的配送	瑞士	9	90
Kulcar(1996)	废品回收	比利时	13	260
Murty 和 Djang(1999)	军用设施定位	美国	29	331
Bruns 等(2000)	包裹配送	瑞士	200	3200
Chan 等(2001)	医疗配送	美国	9	52
Lin 等(2002)	账单配送	中国香港地区	4	27
Lee 等(2003)	光学网络设计	韩国	50	50
Wasner 和 Zapfel(2004)	包裹配送	澳大利亚	10	2042
Billionnet 等(2005)	电信网络设计	法国	6	70

从表2-2可以看出，有上百个潜在仓库和上千个顾客的LRP问题是可以解决的。大多数文献研究的是消费品或包裹的配送，也有一些是在医疗、军队和通信上的应用。所有的研究仅仅应用于北美和西欧一些发达国家，而LRP在发展中国家应用研究较少。而且在相关检索文件中，我们发现LRP实际应用方面的文献占将近1/5，可见，LRP问题不仅仅是一个学术的基础研究，也是一项实际应用研究。

2.4.2 国内物流选址—路径问题(LRP)的研究现状

国内对定位—运输路线安排问题的研究是在 20 世纪 90 年代后期才慢慢开始兴起,比国外滞后了 30 多年。目前物流优化方面的研究还主要局限于对 LAP 和 VRP 的单独研究,在 LRP 研究领域有影响的成果很少见到,仅有 20 余篇论文。汪寿阳、张潜、林岩等人[113-115]较早在国内进行 LRP 问题的研究,在其论文中对 LRP 问题的发展及其优化算法进行了综述。另外,张潜等人[116-118]重点研究了集成化物流中一类特殊的定位—运输路线安排问题的两阶段启发式算法,首先采用基于最小包络聚类分析的启发式方法确定被选择的潜在设施及由每一个选中的设施提供服务的客户群;其次,运用带有控制开关的遗传算法求解每一确定客户类中的优化运输路线。张长星和党延忠[119]在论文中提供了一个求解 LRP 问题的遗传算法。林岩、郭伏等人[120-121]研究了城市物流配送系统的 LRP 模型和算法。黄春雨[122-123]提出了以缩短物流多阶响应周期和成本优化为目标的多目标 LRP 模型,并应用逐步逼近启发式算法和模拟退火算法进行求解。邱晗光和张旭梅[124]将开放式车辆路径问题和定位—分配问题集成考虑,建立了该问题的数学模型;运用基于遗传算法、模拟退火算法的改进粒子群算法,对问题进行求解。周凯[125]在其硕士论文中研究了带有时间窗约束的 LRP 问题,并给出改进遗传算法求解问题。后来,马小伟[126]也研究了一类带硬时间窗口的定位—路径问题的两阶段启发式算法,第一阶段在考虑客户需求点时间窗口的情况下将其分配给合适的仓库备选点,第二阶段用改进的节约算法为每个仓库及相应的客户群优化路线。闻轶[127]研究随机环境下 LRP 问题,建立 LRP 随机期望值模型、随机机会约束规划模型和随机相关机会约束规划模型,并通过基于随机模拟的混合智能算法进行求解。蒋泰[128]研究了带软时间窗的 LRP 问题,并给出了求解该问题的基于禁忌搜索算法的两阶段启发式算法。胡勇[129]在其硕士论文中应用基于空间填充曲线法和模拟退火算法的启发式算法求解定位—车辆路线问题。胡大伟[130]引入了遗传算法和禁忌搜索算法求解 LRP 问题。李青等人[131]则应用禁忌搜索—蚁群混合算法求解 LRP 问题,并给出仿真实验证明所提出算法的有效性。秦绪伟、杨秋秋、王明春[132-134]则对 LRP 问题的模型和算法作了更为详尽的研究。崔广彬[135-137]在前人研究的基础上研究了集成定位—运输路线安排—库存问题,弥补了 LRP 中未充分考虑库存问题的不足。程锡胜等人[138]把 LRP 问题的解看做一个整体,采用遗传算法求解该问题。张波[139]在其硕士论文中对单品种成品油配送系统的定位—路径—库存集成问题进行了探讨和研究,建立了相应的数学模型。由于问题本身是 NP-hard 问题,所以采用混合遗传算法对该问题进行了求解,之后进行了数值算例验证。接着,在单品种成品油配送模型和算法的基础上,对多品种成品油配送系统的 LRIP 问题进行了探讨和研究,建立了相应的数学模型,并用混合遗传算法对该问题进行了求解,进行了数值算例验证。最终,通过战术层面的库存控制的决策和运输路线安排的优化,得到了战略层面的油库的选址方案。通过算例结果的合理性分析,即三者费用的对比分析以及相应结果的图形分析,论证了问题和算法的可行性。

通过上述分析,我们发现国内对 LRP 问题的研究主要集中于算法,理论性较强。

2.4.3 国内外 LRP 研究结论及启示

从上述介绍可以看出,国外对 LRP 的研究开始得较早,主要集中在消费品或包裹的配送上,同样也应用在医疗、军事和通信上。国内研究比国外滞后 30 多年。

(1)按照输入数据类型可分为确定性和随机性的 LRP,多数文章研究确定性的 LRP 问题,经常不合理地假设所有的参数是不变的和已知的。虽然考虑到不确定性带来的困难,出现了大量的研究随机性的 LRP 问题的文章,但是大多数界定为一个仓库和一辆车,仅考虑顾客需求是随机的。

(2)绝大多数的 LRP 模型的目标函数是总成本最小化,也有少数文章以不同的目标为准则或者考虑多个目标。

(3)很多文献都是采用启发式算法对问题进行求解,基本分为基于聚类的算法、迭代的算法和分层启发式算法。基于聚类的算法需要先将顾客分区设置为几个集群：按每一个潜在的仓库分或者按车辆路线分，然后按照两种方式解决问题：①在每个集群里定位一个仓库，然后在每个集群里解决 VRP 或者 TSP。②先安排好每个集群的运输路线，然后定位仓库。迭代的算法将问题分解为两个子问题。然后，采用算法迭代去解决每个子问题，信息从一个阶段转到另一个阶段。为了提高算法的有效性，获得更好的解决方案，更多采用分层启发式算法进行求解。但是也常见精确算法在一些特殊 LRP 问题上的成功应用。多数求解 LRP 问题的精确算法建立在数学规划模型的基础上，它们常常涉及约束的放松或重新说明的限制：①所有的路线必须包含一个仓库。②仓库到仓库之间无路线连接。③某些变量必须为整数，通常是二进制整数。

(4) 近年来对 LRP 的模型的构造更贴近实际问题，增加了模型的复杂程度和实用性，在原有算法的基础上进行了改进，提出了一系列新的启发式算法，更适用于 LRP 问题的解决。但是只有少数专家学者研究了考虑配送管理中遇到的实际问题的 LRP。

(5) 国内对 LRP 问题的研究主要集中于算法，理论性较强，对于采用 LRP 模型解决实际问题的研究较少，对于一些特定产品的 LRP 问题未涉及。

随着物流系统的集成化程度的提高，物流管理者所需做出的决策也越来越复杂，虽然目前对 LRP 的研究已经取得了一定的成果，但是应用现有的成果解决实际问题还存在困难，今后应对该问题进行更加深入的研究，重点关注以下两个方面：

(1) 在模型构造上应该充分考虑实际问题，建立与实际情况相符的数学模型，充分体现模型的广泛实用性。比如：①传统上，将物流活动分为两种不同区域：集中于集货的内部物流和成品配送的外部物流。因此，大多数的 LRP 文献只尝试单独构造企业内部物流的运输路线或企业外部物流的运输路线，并未综合考虑企业内外部物流的运输线路。然而，在供应链管理思想的推动下，企业要整合自身的内部和外部物流，要采用新的方法解决企业遇到的实际问题，这就需要建立一个更加贴近实际的模型。②在 LRP 问题中考虑物流中的其他环节，如考虑到库存的 LRP 问题（Location-routing-inventory）和考虑到包装的 LRP 问题（Location-routing-packing）。

（2）进一步优化算法

充分运用现有的人工智能算法来求解 LRP 问题，如禁忌搜索算法、模拟退火算法、蚁群算法等，这些人工智能算法各有优缺点，可以在分析不同人工智能算法的基础上，开发出一种新的组合优化算法，弥补因单个算法求解造成的局部最优解出现的现象。

2.5 国内外危险废弃物逆向物流选址—路径问题（HWLRP）研究现状

国外对危险废弃物管理问题进行了大量的研究。最早提出危险废弃物逆向物流选址和路径问题模型的是 Zografos 和 Samara[140]，他们在 1990 年提出了危险废弃物运输和处置设施的选址以及运输路径确定的综合模型，使用了 0-1 整数线性规划。在这个模型中考虑了三个目标：运输风险最小化、运输时间最小化、处置风险最小化。没有考虑危险废弃物的多种类型，处理设施选址地点数事先确定，然后在可选择的场景下利用预先设置的目标规划来产生一些解决方法。后来，List 和 Mirchandari[141]在 1991 年提出了有用的路线决策模型。模型用于寻找合理的废弃物运输路径和处理设施点。他们使用带有有用函数方法的整数规划来处理多个目标，模型包括三个目标：最小化风险、最小化成本和最大化公平性。Revelle 等人[142]在 1991 年提出了一类最小化成本和风险的模型。运输成本以距离为衡量标准，而可接受风险以人数为衡量标准。运用最短路径、0-1 整数模型和多目标规划模型方法来解决问题。后来，Current 和 Ratick[143]在 1995 年提出了考虑公平性的模型。除了最小化成本和风险，他们还通过单独地分析风险和公平的运输以及设施定位来最大化公平性。Nema 和 Gupta[144]在 1999 年提出了一种考虑多种类型的危险废弃物的定位—运输路线模型。他们使用成本和风险组合目标函数，提出了两个新的约束：废弃物与废弃物相容性约束和废弃物与技术相容性约束。Sibel 和 Bahar[145]在 2005 年提出了一类新的求解危险废弃物定位—运输路线的数学模型，利用模型回答以下问题：在哪里设置处理中心，应用何种技术，如何应用相容的处理技术运输不同类型的危险废弃物，如何将废弃物残渣运送到最终处置中心。

现有的文献，大多数以成本最小化和风险最小化作为目标，有些还考虑了风险公平性的最大化。从现存的模型中可以看出，没有一个模型综合考虑以下所有的因素：(1)成本最小化；(2)风险最小化；(3)最大化风险公平性；(4)废弃物与废弃物之间以及废弃物与处理技术之间的相容性；(5)废弃物处置设施产生的废弃物残渣的相关问题；(6)废弃物的可回收利用问题。此外，没有系统地研究求解问题的数学方法。

在国内仅有几项对废弃物的选址—路径问题的研究，吕新福等人[146]从系统研究的角度出发，同时研究固体废弃物回收中转站的选址和废弃物运输路线的安排，建立了选址—路径规划问题的模型，并采用两阶段禁忌搜索启发式算法对该模型进行求解，得到合适的中转站位置和数目，并给出了较优的车辆调度。最后，通过算例验证了模型和求解算法的有效性。何波等人[147-150]针对固体废弃物的回收问题，构建了一个两层的逆向物流网络系统，研究了如何确定回收站和处理站的地址和数量，废弃物产生点的分配以及废弃物的存储和运输问题，建立了一个多目标的整数规划模型。最后用算例证明了模型的有效性。连启里等人[151]研究了生态旅游区废弃物逆向物流网络设计问题，包括中转站选址和车辆路径问题，并建立了最小化选址费用和运输费用的模型。选址—路径问题为NP-hard问题，采用了四叉树原理划分满足车辆容量限制的收集区，将问题化为小型的TSP问题。邹泽燕[152]在其硕士论文中研究了城市生活固体废弃物逆向物流网络选址—路径问题。而目前对危险废弃物逆向物流的选址—路径问题的优化研究较少，还属于一个全新的课题。

2.6 国内外危险废弃物物流风险评价的研究现状

对风险进行分析和评价是对危险废弃物系统进行管理的一个重

要组成部分，危险废弃物具有如若处理不当便会对人类健康和周围环境带来严重灾难的风险的特点。因此，危险废弃物的风险评价是危险废弃物管理研究的中心问题之一。国内外针对危险废弃物的风险评价较少，一般是对危险品进行风险评价，主要涉及危险品的运输评价。风险评价起源于20世纪30年代，而危险品运输风险评价80年代才在发达国家引起广泛的关注，研究者提出了多种风险评价模型和不同的选线方法。英国、健康与安全委员会曾在《危险物质运输的重大危险问题》一书中研究了某些危险物质的潜在风险，分析了风险形成的原因，并使用"定量风险评价"方法估算了危险物质公路及铁路运输所引起的主要风险。Zografos 和 Davis[153]研究了包括风险平衡性的多目标选线问题，均等分布路段影响人员风险，选线标准如下：(1)一般人员伤亡风险；(2)特殊聚集人群风险；(3)财产损失风险；(4)运输时间。随后，List等人[154](1991)研究危险品运输风险分析、选线与车辆调度及相关设施选址问题的主要模型和方法，给出了风险分析与选线的案例。Erhan 和 Armann[155]在其论文中回顾了风险评价的模型，提出了两个公理，然后检查所提出的风险评价模型是否满足这两个公理，并考虑如果一些模型不能满足这两个公理，就提出新的风险模型。Renee等人[156]提出一种新的方法来分析有害物品的运输风险。

毕军等人[157]提出了基元路段的概念，描述其相关特征，并建立了有害废弃物运输环境风险和运输成本计算模型及运输路线优化的多目标决策模型。

杨满宏等人[158]对湘境国道危险品运输风险进行了环境影响分析，给出了危险品道路运输事故率的计算模型。

吴宗之等人[159]提出了危险品道路运输过程的定量风险分析方法，建立了定量风险评价模型，并引入危险物质事故易发性校正因子，车辆设备、人员素质、安全管理等消长因子。

庄英伟[160]参照国外危险物质定量运输风险分析方法以及我国目前公路运输的现状，初步提出了公路运输风险分析的基本步骤，其中包括对公路运输事故的频率分析和后果分析，最后提出了风险的两种通用的表述形式和定量风险评价标准。

魏航等人[161-162]探讨了时变条件下的有害物品运输的人口风险，建立了估计人口风险的模型；此外还将运输风险分为人员风险、环境风险和财产风险三个部分，在基于事故发生率和事故产生的后果两个方面，分别对三种风险进行了度量，并给出了风险度量的模型。

刘茂等人[163]运用风险分析的方法，对危险品公路运输事故和灾害风险进行定量研究，给出危险品公路运输的社会风险和个人风险，对公路运输风险进行评价。

张丽颖等人[164]首次提出了以风险评价作为手段，对风险废弃物管理的各个环节进行评价进而对其分级管理的思想，并提出了建议性的危险废弃物风险分级管理步骤。

郭培杰和蒋军成[165]引入了模糊综合评判的方法，结合事故树分析确定了事故发生的可能性，并将数学计算模型与模糊综合评价方法相结合，从人员伤亡、财产损失、影响范围、环境影响、信誉损失五个方面量化事故后果。

郭晓林等[166]建立了决策者风险等效曲线，并通过风险等效曲线将不同时期的风险换算成同一时期的风险值，以此计算出总的路径风险，将其作为路径选择的依据。

任常兴[167]在其博士论文中对危险品道路运输过程中的风险进行了分析，构建了危险品运输风险评价定量模型，并结合事故风险理论、运筹学优化方法探讨了危险品道路路径优化问题。

陈开朝[168]在其硕士论文中探讨了危险品运输风险评价和路径决策，通过分析一些经典风险评价模型，提出了一种综合风险评价模型。

文献研究主要是针对危险物品运输中的风险进行分析，未对危险废弃物的处理处置设施风险进行分析。大部分文献简化了风险评价过程，事故后果多以影响区域内的人员伤亡为主，通常以影响人数表示，可能与潜在的运输事故真实风险相差很远。而实际上运输事故的发生也会对周边的生态环境和财产造成一定的损失，所以只考虑周边的人口暴露情况是不够的。

2.7 本章小结

本章首先对书中的相关概念进行界定，在概念界定的基础上，对与本书研究相关的理论的国内外研究现状进行综述，为后续的研究和论述奠定了基础。国内外物流选址问题的研究主要集中在模型和算法上，目前对 LAP 的研究方法主要有定性方法和定量方法，但单纯地在设施选址确定后再进行运输路线安排通常会导致系统总成本增加；国内外车辆路线安排问题的研究也主要集中在问题的模型和算法上，求解 VRP 的方法主要有精确算法和启发式算法两大类。国内外关于 VRP 的研究虽然考虑了整个运输过程中的车辆路线安排问题，但是由于其假设设施的位置是固定的，在实际中，很多设施的位置是不确定的，给整个物流系统优化带来了很大的问题，存在一定的局限性。国内外物流选址—路径问题的研究弥补了单独研究物流选址和车辆路线安排问题的不足，但考虑的实际因素较少，不能真正地反映现实中的 LRP。国外对危险废弃物物流选址—路径进行了大量的研究，大多数以成本最小化和风险最小化为目标，没有考虑风险公平性的最大化，而且也没有系统地研究求解问题的数学方法。国内对危险废弃物逆向物流选址—路径问题的研究较少，还属于一个全新的课题；国内外针对危险废弃物风险评价的研究较少，主要集中在危险品的风险评价上，而且主要涉及危险品的运输评价，未对危险废弃物的处理处置设施风险进行分析，大部分文献还简化了风险评价的过程，事故后果多以影响区域的人员伤亡为主，可能与潜在的运输事故真实风险相差很远。

第3章 城市危险废弃物产生现状及处理量预测研究

物流系统具有可分性，无论规模多大，都可以被分解成若干个相互联系的子系统。根据物流系统的运行环节，可以划分为：包装系统、装卸系统、运输系统、储存系统、流通加工系统、回收再利用系统等。因此，物流子系统具有多层次性和多目标性，对物流系统的分析构建，既要研究物流系统运行的全过程，也要对物流系统的某一子系统加以分析。根据物流系统的可分性特点，城市危险废弃物逆向物流系统可以分为危险废弃物的回收系统、危险废弃物的处理系统和危险废弃物的运输系统。危险废弃物逆向物流网络规划的一大难点在于废弃物的回收时间、质量和数量的不确定性。由于小商业和家庭产生的危险废弃物数量较少，再加上中国公民对家庭中的危险废弃物的认识有所欠缺，垃圾分类回收还处于起步阶段，因此，本章研究的城市危险废弃物主要是工业危险废弃物。以城市工业危险废弃物为研究对象，结合中国环境保护局公布的历史统计数据，对城市工业危险废弃物的产生量和回收处理量进行预测，为后续章节的研究提供参考依据。

3.1 城市危险废弃物产生特性及处置

危险废弃物的产生特性是指危险废弃物产生过程中所具有的基本特点，包括产生源、产生种类、产生量、去向、分布以及与经济发展的关联性等特点。

3.1.1 城市危险废弃物的来源分析

城市危险废弃物的来源是影响危险废弃物管理和处理的重要因素。全国范围内的固体废弃物申报统计工作开始于1995年，1995年内地共产生危险废弃物2561万吨（未包括香港、澳门及台湾地区以及混入居民生活垃圾和科研院所、大专院校的危险废弃物），占当年内地工业固体废弃物6.45亿吨的3.9%。以1995年作为基准年的申报登记统计结果表明，城市危险废弃物的产生具有数量上的相对集中性和分布上的广泛性，它遍及各个行业和日常生活。随着社会经济的发展，城市危险废弃物的主要来源是工业固体废弃物，包括石油化工工业、化学工业、有色金属冶炼业、钢铁工业等行业。中国工业危险废弃物的产生量占工业固体废弃物产生量的3%~5%。随着工业的迅速发展和工业固体废弃物的增多，危险废弃物的数量也随之增长。危险废弃物的另一个来源是小商业和家庭等。危险废弃物的来源具体如下:[169]

（1）工业生产过程中产生的典型危险废弃物

由于工业化进程的加速，各种工业产生了大量的有毒有害的危险废弃物。工业危险废弃物主要来自工业领域的各个生产环节、制造过程，主要涉及的行业有冶金、矿业、能源、石油、化工等。

（2）居民生活垃圾中的典型危险废弃物

现在，随着人们对家庭生活的要求越来越高，生活用品中增加了许多合成物质和电子产品。许多日常使用的产品，如废弃的家用洗涤剂、个人护理用品、涂料、电池、家用电器等都是有毒的或者含有有毒有害物质。此外，一些其他机构，包括儿童福利院、养老院、学校、少教所等单位，由于活动性质和家庭生活类似，也会产生类似家庭生活产生的危险废弃物。

（3）商业机构中产生的典型危险废弃物

商业机构产生的危险废弃物与其提供的服务有关。例如，打印店的油墨、干洗店的溶剂、冲印店的药剂、汽车修理店的清洁剂及颜料商店的颜料和稀释剂等。

(4) 农业生产过程中产生的典型危险废弃物

农业生产过程中产生的危险废弃物主要是杀虫剂、除草剂等农药，有些农药虽然对害虫、杂草有很强的杀灭作用，但在环境中积累后，同时会杀死其他昆虫、鱼类、鸟类、哺乳动物甚至人类。因此，如果对这些农药的储存方式不妥或使用不当，就会产生危险废弃物。

(5) 医疗过程中产生的典型危险废弃物

医疗过程中产生的垃圾之所以被定为危险废弃物，是因为医疗废弃物中带有大量病菌，传染性极大，如果处理不当不仅会对环境造成严重污染，还可能引起疾病流行，直接危害人民群众的身体健康。《国家危险废弃物名录》规定，医疗废弃物主要包括手术过程中产生的人体组织器官、血制品残余物、动物实验与生物培养残余物、一次性的医疗用品及敷料、废水处理的污泥等、过期药品、废显影液等。

(6) 科学研究部门在研究过程中产生的废化学试剂、实验室废弃物、报废的研制产品等

由于小商业和家庭产生的危险废弃物数量较少，再加上中国公民对家庭中的危险废弃物的认识有所欠缺，垃圾分类回收还处于起步阶段，因此，本章研究的城市危险废弃物的回收主要是针对工业危险废弃物。

3.1.2 城市危险废弃物的分类

美国的 EPA 将危险废弃物分为"特定来源"与"非特定来源"两大类，而加州大学的分类系统将其分为 4 类 96 种[156]。联合国环境规划署《控制危险废弃物越境转移及其处置巴塞尔公约》列出了"应加强控制的废弃物类别"共 45 类，"需加特别考虑的废弃物类别"共 2 类，同时列出了危险废弃物"危险特性的清单"，共 14 种特性[156]。在 1998 年 1 月由国家环保局、国家经济贸易委员会、对外贸易经济合作部和公安部联合颁布，1998 年 7 月 1 日实施的《国家危险废弃物名录》，把我国危险废弃物分为 47 类（见表 3-1）。

表 3-1　　　　　　　　　国家危险废弃物名录

编号	HW01	HW02	HW03	HW04	HW05
废弃物类别	医院废弃物	医药废弃物	废药物药品	农药废弃物	木材防腐剂废弃物
编号	HW06	HW07	HW08	HW09	HW10
废弃物类别	有机溶剂废弃物	热处理含氰废弃物	废矿物油	废乳化液	含多氯联苯废弃物
编号	HW11	HW12	HW13	HW14	HW15
废弃物类别	精(蒸)馏残物	染料、涂料废弃物	有机树脂类废弃物	新化学品废弃物	爆炸性废弃物
编号	HW16	HW17	HW18	HW19	HW20
废弃物类别	感光材料废弃物	表面处理废弃物	焚烧处置残渣	含金属羰基化合物废弃物	含铍废弃物
编号	HW21	HW22	HW23	HW24	HW25
废弃物类别	含铬废弃物	含铜废弃物	含锌废弃物	含砷废弃物	含硒废弃物
编号	HW26	HW27	HW28	HW29	HW30
废弃物类别	含镉废弃物	含锑废弃物	含碲废弃物	含汞废弃物	含铊废弃物
编号	HW31	HW32	HW33	HW34	HW35
废弃物类别	含铅废弃物	无机氯化物废弃物	无机氰化物废弃物	废酸	废碱
编号	HW36	HW37	HW38	HW39	HW40
废弃物类别	石棉废弃物	有机磷化合物废弃物	有机氰化物废弃物	含酚废弃物	含醚废弃物

续表

编号	HW41	HW42	HW43	HW44	HW45
废弃物类别	废卤化有机溶剂	废有机溶剂	含多氯苯并呋喃类废弃物	含多氯苯并二噁英废弃物	含有机卤化物废弃物

编号	HW46	HW47
废弃物类别	含镍废弃物	含钡废弃物

3.1.3 城市危险废弃物的特性

危险废弃物的危害特性是指危险废弃物具有的特殊危害性质，主要是毒害性、腐蚀性、易燃性、反应性和传染性等。

(1) 毒害性

毒害性是危险废弃物的主要危害特性，绝大多数危险废弃物具有不同程度的毒性。毒害性废弃物有不同的毒害性质，对人类、生物和环境可以造成不同程度的损害。

(2) 腐蚀性

对人体、动植物体、纤维制品、金属等能造成强烈的腐蚀，对人体造成化学灼伤。当pH值≥12.5或者≤2.0时，则该废弃物是具有腐蚀性的危险废弃物。温度≤55℃时，浸出液对规定牌号的钢材腐蚀速率大于0.64 cm/a的废弃物也是具有腐蚀性废弃物。

(3) 易燃性

易燃性是指一些废弃物在常温下很容易燃烧起火。其分为易燃液体废弃物和易燃固体废弃物。

(4) 反应性

在无引发条件的情况下，由于本身不稳定而易发生剧烈变化，产生有毒的气体、蒸气或烟雾，在受热条件下能爆炸，常温常压下即可发生爆炸，则可认为具有反应性。这一类危险废弃物包括氧化性废弃物、遇水燃烧废弃物、自燃废弃物和爆炸性废弃物。

（5）传染性

传染性是指废弃物中含有致病的微生物，能引起病态，甚至死亡。传染性废弃物包括遗传性的微生物和生物、生物制品、诊断标本和临床及医疗废弃物。

危险废弃物具有上述特殊危害性，能对生态环境造成极大的破坏。主要表现在以下几个方面。

（1）对土壤环境的影响

对危险废弃物的填埋，如处理不当，不进行严密的场地工程处理和填埋后的科学管理，不但占用一定的土地，导致可利用土地资源减少，而且容易污染土壤。

（2）对水体的影响

危险废弃物被随意堆放时，容易随地表径流进入河流湖泊，或随风迁徙落入水体，其有毒有害成分进入水体后，会杀死水中生物，污染人类饮用水水源，危害人体健康；危险废弃物储存或填埋处理不合规定时，产生的渗滤液危害更大，它可进入土壤使地下水受污染，或直接流入河流、湖泊和海洋，造成水资源的短缺。

（3）对大气环境的影响

堆放的固体废弃物中的细微颗粒、粉尘等可随风飞扬，进入大气并扩散到很远的地方；有毒有害废弃物还可以发生化学反应，产生有毒气体，扩散到大气中危害人体健康。

危险废弃物污染环境的途径如图3-1所示。

图3-1中任何一个环节出现错误，都会对人类健康及动植物的生存造成严重的危害。而目前公众对危险废弃物的危害特别是潜在危害认识不够，危险废弃物管理所需的法律法规不健全，处理设施技术落后，等等，急需对危险废弃物的处理和管理。

3.1.4 城市危险废弃物的收集

收集是城市危险废弃物逆向物流活动的第一步。危险废弃物的收集指持有危险废弃物收集许可证，专门从事危险废弃物收集的单位，将其他企事业单位产生的危险废弃物收集后暂存在其所设的防

第3章 城市危险废弃物产生现状及处理量预测研究

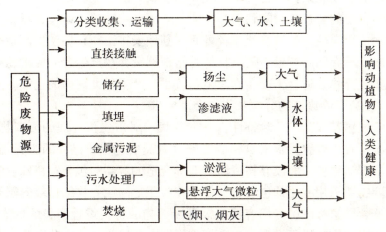

图3-1 危险废弃物污染环境的途径

扬散、防流失、防渗漏的储存场所，并适时转移至具有危险废弃物经营许可证的单位进行利用和处置的行为。一般来说，对于工业企业产生的危险废弃物，收集的主体为企业内部的专业机构；对于社会源产生的危险废弃物和特殊危险废弃物，收集的主体为持有环境保护部门颁发的经营许可证的专业公司。

1. 危险废弃物分类收集原则

危险废弃物分类收集的原则是：危险废弃物与一般废弃物分开；工业废弃物与生活垃圾分开；液态与固态分开；泥态与固态分开；性质不相容的分开；处理处置方法不同的分开。

将危险废弃物混入非危险废弃物中是严格禁止的。将危险废弃物混入非危险废弃物中储存，实质上是采取稀释的方式储存危险废弃物，其结果非但未减少或减轻危险废弃物的危险性质、数量、体积，反倒会使非危险废弃物转化为危险废弃物，从而增加了危险废弃物的数量、扩大了其体积，使污染防治更为复杂和困难。

2. 危险废弃物分类收集的方法及管理要求

（1）危险废弃物收集的方法

危险废弃物可以定期收集，也可以随时收集。定期收集是指按

49

固定的周期收集，适合于产生废弃物量较大的企业。定期收集可以将不合理的暂存危险降到最小，能有效地利用资源；运输者可有计划地使用车辆；处理、处置者可有计划地安排工作；促使生产者努力减少废弃物的产量。随时收集是指根据废弃物产生者的要求随时收集废弃物，适合于废弃物产生量较小、产生量无规律的企业。

(2) 危险废弃物分类收集的合理要求

根据其成分、危险特性，分类收集；对需要预处理的废弃物，可根据处理处置要求采取相应措施；对需要包装或盛装的废弃物，可根据运输要求和废弃物特性，选择合适的容器和包装；特殊危险废弃物要采用专用的包装容器盛装；收集危险废弃物的包装容器要用符合国家标准的专门容器；根据废弃物的种类设置明显的标志；对危险废弃物进行登记，建立管理档案；居民生活、办公和第三产业产生的危险废弃物应与生活垃圾分开分类收集。

在危险废弃物收集活动阶段，危险废弃物逆向物流管理的主要挑战在于发生活动的不确定性，即在什么地方将用过的废弃物进行回收、回收量有多大以及回收的时间，这些问题阻碍了规划和控制收集流程。收集是危险废弃物逆向物流的基本功能，其成本占据了逆向物流中成本的重要部分。由于危险废弃物的来源比较分散，在收集环节会占用大量的人力、物力和财力。同时，收集环节是后续环节的基础，做好收集工作才能保证逆向物流活动的顺利实施。

3.1.5 城市危险废弃物的运输

危险废弃物的运输是指将已经被包装好的危险废弃物从其存放场所运送至填埋场、焚烧厂、资源利用工厂或集中储存场所的过程。通常情况下危险废弃物的收集和运输是一体化完成的，没有明显的区分和界限。

危险废弃物的运输是危险废弃物污染防治的主要环节之一。在运输过程中，如果管理不当或未采取污染防治和安全防护措施，则极易造成污染。我国每年都发生危险废弃物运输事故，并造成了严重的污染。因此，必须对危险废弃物的运输加以控制和管理。运输危险废弃物必须同时符合两类要求，即无害环境和安全：必须采取防止污染环境的措施,符合环境保护的要求,做到无害环境的运输;必须将所运输的危险废弃物作为危险货物对待,适用和遵守国家有关危险货物运输管理的规定,符合危险货物运输的安全防护要求,做到安全运输。

3.1.6 城市危险废弃物的储存

危险废弃物的储存是指在危险废弃物被处置或利用前,将其放置在符合环境保护规定要求的场所或设施中的活动。

危险废弃物的储存是危险废弃物再利用、无害化处理及最终处置前的存放行为。储存设施是指人们按规定设计、建造或改建的用于专门存放危险废弃物的设施。集中储存是指危险废弃物集中处理、处置设施中所附设的储存设施和区域性的集中储存设施。

1. 危险废弃物储存的一般要求

(1)所有危险废弃物产生者和危险废弃物经营者必须按有关标准建造专用的危险废弃物储存设施,也可以利用原有构筑物按有关标准改建成危险废弃物储存设施。

(2)在常温、常压下,易燃、易爆及排出有毒气体的危险废弃物必须进行预处理,使之稳定后储存,否则按易燃、易爆危险品储存。

(3)在常温、常压下不水解、不挥发的固体危险废弃物可以在储存设施内分别堆放。

(4)危险废弃物必须按有关标准要求装入容器内,禁止将不相容(相互反应)的危险废弃物在同一容器内混装。

(5)医院产生的临床废弃物,必须当日消毒,消毒后装入容器。常温下储存期不得超过1天,在5℃以下冷藏的,不得超过7天。

(6)盛装危险废弃物的容器上必须粘贴符合有关标准的标签。危险废弃物储存设施和场地施工前要做环境影响评价。

2. 危险废弃物储存设施的选址原则

(1)地质构造稳定,地震基本裂度不超过7度的区域内。

(2)设施底部必须高于地下水最高水位。

(3)场界应位于居民区800米以外,远离地表水域150米以上。

(4)应避免建在溶洞区域或易遭受严重自然灾害如洪水、滑坡、泥石流、潮汐等影响的地区。

(5)不应建在存放易燃、易爆等危险品的仓库附近、高压输电线路防护区域以内。

(6)应位于居民中心区常年最大风频的下风侧。

3.1.7 城市危险废弃物的处理与处置

为防止城市危险废弃物对环境的污染,必须寻求一条合理的途径,对其进行预处理和最终处置,以便最大限度地降低其危害性。

(1)危险废弃物相容性分析

由于危险废弃物种类多,都具有各自的物化特性,因此在处理处置过程中必须考虑危险废弃物相互之间的相容性。不相容的废弃物的混合可能会产生以下后果:大量放热,在一定条件下可能会引起火灾,甚至爆炸;产生有毒气体;产生易燃气体等。不相容危险废弃物主要分为绝对不相容性废弃物和潜在不相容性废弃物。绝对不相容性废弃物是指具有易爆炸性、易燃性、化学易反应性、传染性、浸出毒性的危险废弃物。绝对不相容性危险废弃物不能直接进入最终处置场,必须预先分开处置或进行预处理后才能进场。潜在不相容性危险废弃物一旦混合,会产生对人体健康和周围环境有害的负面影响。所以当两种或两种以上的危险废弃物同时进行处理、处置时,必须确定废弃物之间的相容性。

(2)危险废弃物预处理

大部分危险废弃物处置时,首先要进行预处理,目的是尽量消减其数量和毒性,以减少危险废弃物对环境的影响。

危险废弃物的预处理是指通过物理、化学、生物等方法将危险废弃物变得适于运输、利用、储存或最终处置的过程。处理危险废弃物的方法很多,从危险废弃物的处理场地来看,危险废弃物的处理可分为就地处理和转移处理两类。就地处理是指有害废弃物的处理或循环利用的设施的建造和运行都在废弃物产生处。转移处理是将废弃物转移到专门的处理厂去处理和处置。比较常用的处理方法有物理处理、化学处理、生物处理、热处理和固化/稳定化处理等。危险废弃物经过预处理后，其中可进行回收利用的废弃物要再进行循环利用，不能回收利用的废弃物要进行最终处置。

(3) 危险废弃物最终处置

危险废弃物的最终处置是指将危险废弃物消纳或者放置在符合环境保护要求的场所，并不再回收的活动。目前，安全土地填埋场是危险废弃物常见的最终处置方式。我国危险废弃物污染控制工作起步较晚，废弃物的综合利用率和处理、处置量相对较低，加强危险废弃物的安全填埋和污染控制势在必行。为此，我国在2002年7月颁布实施了《危险废弃物安全填埋污染控制标准》(GB18598—2001)，它为危险废弃物安全填埋中对填埋场场址的选择、填埋场的建设和构造、填埋场的运行和环境监测、填埋场的封场等方面提供依据。

3.2 城市工业危险废弃物产生现状

本节利用中国环境保护部现有环境统计数据，分析我国工业危险废弃物产生量与处理处置情况、工业危险废弃物产生量与工业总产值和人口的关系情况。

3.2.1 城市工业危险废弃物产生现状与处理情况分析

危险废弃物管理在于控制危险废弃物的产生与流向，实施有效的危险废弃物管理必须基于危险废弃物的产生量、物理化学特性、处理情况等数据信息。目前，我国工业危险废弃物的数据有两个来源：其一是每年国家公布的环境统计数据，其二是工业危险废弃物的申报登记资料。但这两套数据存在较大的差异。目前申报登记已经成为处理工业危险废弃物环境问题的基本数据来源。

我国工业危险废弃物产生及处理情况如表3-2所示，全国工业危险废弃物处理及排放量变化如图3-2所示。

表 3-2　　全国工业危险废弃物产生及处理情况

年度	工业固体废弃物产生量	工业危险废弃物产生量	危废比例(％)	排放量	综合利用量	储存量	处置量
2000	81608	830	1.02	2.6	408	276	179
2001	88746	952	1.07	2.1	442	307	229
2002	94509	1000	1.06	1.7	392	383	242
2003	100428	1170	1.17	0.3	427	423	375
2004	120030	995	0.83	1.1	403	343	275
2005	134449	1162	0.86	0.6	496	337	339
2006	151541	1084	0.71	20.0	566	267	289
2007	175632	1079	0.61	0.1	650	154	346
2008	190127	1357	0.71	0.07	819	196	389
2009	203943	1430	0.701	…	831	219	428
2010	240944	1587	0.659	…	977	166	513

注：1."综合利用量"和"处置量"指标中含有综合利用和处置往年储存量。

2."…"表示数字小于规定单位。

3. 目前只能从国家环境保护部获得 2010 年前数据。因此，本表格的截止时间界定在 2010 年年底。

资料来源：根据中华人民共和国环境保护部历年《环境统计年报》整理得出。

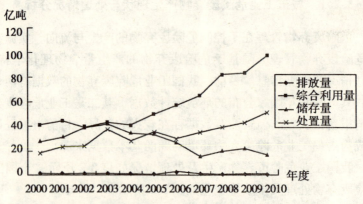

图 3-2　全国工业危险废弃物处理及排放量变化

从表 3-2 可以看出我国危险废弃物产生量在一定的时期内具有规律性，从 2000 年到 2010 年产生的危险废弃物统计量具有稳步增加的趋势，近年来排放率明显下降，接近"零排放"，处置率明显上升，综合利用率呈波动上升趋势，排放率的下降、综合利用率的上升，必然引起储存率的下降。截至 2010 年底，全国纳入统计的危险废弃物集中处理厂共 546 座。可见工业危险废弃物管理越来越得到重视，各地对危险废弃物的综合利用及处理工作力度有所加强，使得排放量逐年下降。随着今后我国经济的快速增长以及对危险废弃物管理的不断加强，危险废弃物产生量还会持续增加，危险废弃物将给社会经济发展带来更大的压力。

3.2.2 城市工业危险废弃物产生量与工业总产值的关系

危险废弃物产生量与一个国家的经济发展水平有很大关联，通常来说，危险废弃物的产生量与工业经济结构、工艺水平、产品产量以及工业总产值等具有密切关系，因此，危险废弃物产生量与工业总产值的关系在一定程度上可以反映一个国家或地区危险废弃物的产生水平。研究危险废弃物产生量与工业总产值的关系，也可以发现一些危险废弃物的产生规律。在社会转型时期，经常可能发生一个区域或城市的工业结构的调整，有时要加速淘汰一批污染重且工艺落后的行业，有时要开发一些高新技术产业，有时要实现产业结构调整，等等。这些原因使得一个地区危险废弃物的产生出现数量上与种类上的动态变化。为了合理解释危险废弃物数据变化的原因，我们从纵向历史数据进行比较，从中可以得知全国危险废弃物产生量与工业总产值的变化趋势，从而获知经济的消长与危险废弃物消长之间的关系，还可以获知产业结构的变化所引起的危险废弃物产生量的变化，为危险废弃物的重点管理城市和领域提供科学依据。

表 3-3 列出了 1995—2010 年我国危险废弃物产生量和工业总产值的数据，并计算出了百万元工业总产值产生危险废弃物的系数。从表中可以看出，1995 年危险废弃物产生量异常偏高，以至于百万元产污系数高达 10.49，主要因为我国 1995 年才进行第一

次固体废弃物排污申报登记,有可能将1995年以前产生的大量危险废弃物或者一些非危险废弃物纳入统计。

表3-3　1995—2010年全国危险废弃物产生量与工业生产总产值

年份	危险废弃物产生量（万吨）	工业总产值（亿元）	百万元产值危险废弃物产生系数(吨/百万元)
1995	2618	24951	10.49
1996	993	29448	3.37
1997	1077	32921	3.27
1998	974	34018	2.86
1999	1015	35862	2.83
2000	830	40034	2.07
2001	952	43581	2.18
2002	1000	47431	2.11
2003	1170	54946	2.13
2004	995	65210	1.53
2005	1162	77231	1.5
2006	1084	91311	1.19
2007	1079	110535	0.98
2008	1357	130260	1.04
2009	1430	135240	1.06
2010	1587	160722	0.99

资料来源：国家统计局. 中国统计年鉴2012. 中国统计出版社,2012.

从表3-3可看出,百万元工业总产值危险废弃物产生系数有下降的趋势,说明我国工业经济结构的调整起到了重要的作用,反映出大量高新技术企业出现和造成严重污染的落后工艺的淘汰使危险废弃物的产生量并没有随着经济的迅速发展而同步增长。尽管工业结构调整和科技进步在持续进行,但是与危险废弃物产生量的削减和经济发展的大趋势相比，所起的作用毕竟有限。我国是发展中国家，经济还将在一定时期内高速发展，因此，危险废弃物的产生量在未来一段时间还将继续增加。

3.3 城市工业危险废弃物产生量及处理量的预测

危险废弃物产生量的预测是危险废弃物逆向物流系统规划的基础和根据。预测城市工业危险废弃物是为了把握工业危险废弃物产生量发展变化的动态规律，从而为固体废弃物的环境规划、总量控制、处理处置设施建设和制定管理政策提供必要的信息。选择合适的预测方法是预测的关键。我国对危险废弃物的预测研究较少，目前危险废弃物产生量的预测方法可分为三大类：(1)第一类方法是根据历年危险废弃物产生量统计数据，建立数学模型，主要包括灰色系统预测法和线性回归预测法。(2)第二类方法是根据危险废弃物的单位产量和数量，确定危险废弃物产生量。(3)第三类方法是根据基准年的危险废弃物产生量，结合危险废弃物产生量的递增速率加以预测，基准年的危险废弃物产生量采用环保局的统计，递增率通过分析主要影响因素的增长速率和国内外相同类型城市的危险废弃物增长率加以确定。在这些方法中，灰色系统预测法具有预测样本要求低、计算量小、建模精度高的特点。考虑到目前我国危险废弃物逆向物流的发展现状，危险废弃物产生量历史统计不充分，同时危险废弃物产生量受到经济、市场、政策等多个因素影响，因此，本章采用灰色系统预测法建立我国工业危险废弃物产生量预测模型，并进行误差分析。

3.3.1 灰色系统理论

(1)灰色系统理论的思想和方法

灰色系统理论是由华中科技大学邓聚龙教授于1982年提出并加以发展的。灰色系统的概念是黑箱概念的一种推广。控制论中的黑箱是指当人们考察对象(系统)时，无法直接观测其内部结构，只能或只需通过考察其外部输入、输出来认识的现实系统。白箱则是相对黑箱而言的，是指能直接观测对象内部结构的现实系统。从信息的观点来看，黑箱代表信息完全未知或信息不确定的系统；白箱是指信息完全确知的系统；灰箱则是指既含有已知信息，又含有未确定信息的系统。灰色系统理论认为：灰色性广泛存在于各种系统中，系统的随机性和模糊性只是灰色性的两个不同方面的不确定性，因而灰色系统理论能广泛应用于各个领域。灰色系统理论就是已知的白化参数通过分析、建模、控制和优化等程序，将灰色问题淡化或白化。

(2) 关联分析

灰色系统理论提供了关联分析方法，所谓关联分析是根据系统各因素间或系统行为间的数据列或指标的发展趋势与行为作相似或相异程度的比较，以判断因素的关联与行为的接近。对抽象系统作关联分析时，关键是找抽象指标或抽象因素的映射量。通过定性研究，映射量一般是可以找到的。关联分析的基本公式是关联系统公式，其定义如下：

设参考时间序列和比较时间序列分别为：

$$X_0 = \{x_0(t_1), x_0(t_2), \cdots, x_0(t_n)\};$$
$$X_j = \{x_j(t_1), x_j(t_2), \cdots, x_j(t_n)\}$$

则 X_0 与 X_j 在 t_k 时刻的关联系数可表示为：

$$x_{0j}(t_k) = \frac{(\nabla_{min} + \varepsilon \nabla_{max})}{(\nabla_{0j}(t_k) + \varepsilon \nabla_{max})}$$

式中，$\varepsilon \in [0, 1]$ 为分辨系数，是一个事先取定的常数。

$$\nabla_{min} = \min_j \min_k |x_0(t_k) - x_j(t_k)| \quad k = 1, 2, \cdots, n$$
$$\nabla_{max} = \max_j \max_k |x_0(t_k) - x_j(t_k)| \quad j = 1, 2, \cdots, n$$
$$\nabla_{0j}(t_k) = |x_0(t_k) - x_j(t_k)|$$

关联系数是一个实数，它表示各时刻数据间的关联程度。它的时间平均值为：

$$r_{0j} = \frac{1}{n} \sum_{k=1}^{n} x_{0j}(t_k)$$

称为 X_j 与 X_0 的关联度。若 $r_i > r_j > r_k$，则 X_i、X_j 和 X_k 与 X_0

的关联度大小顺序依次为 X_i、X_j 和 X_k。

(3) 灰色系统模型的建立

建模思想是：将原始数据数列通过一定的数学方法进行处理，将其转化为微分方程来描述系统的客观规律。灰色系统理论对数据的处理常采用累加或累减生成方法，使无序数据列转化为有序数据序列，使生成数据序列适宜微分方程建模。这种使系统由不确定到确定，由知之不多到知之甚多的过程，就是通常说的使系统由"灰"变"白"。

灰色系统模型(GM)包含模型的变量维数 m 和阶数 n，记为 $GM(n, m)$，一般有一阶多维 $GM(1, m)$ 和一维高阶 $GM(n, 1)$ 应用形式。高阶模型的计算复杂，精度也难以保障；同样，多维模型在城市固体废弃物产生分析中的应用也不多见，普遍使用的是 $GM(1, 1)$ 模型，通常用于以时间变量参数对固体废弃物的产生变化趋势进行分析，因此实际上是一种时间序列分析方法。其信息处理和建模方法如下：灰色预测模型 $GM(1, 1)$ 模型是常用的预测模型，是对既有已知参数，又有许多未知数和不确定参数的灰色系统进行预测的模型方式。建立 $GM(1, 1)$ 模型只需一个数列 $X_0(t)$。

$$X_0(t) = \{X_0(1), X_0(2), \cdots, X_0(t)\} \quad (t = 1, 2, \cdots, n)$$

通过对原始数据作一次累加生成 (1 - AGO)，则又生成数列 $X_1(t)$：

$$X_1(t) = \{X_1(1), X_1(2), \cdots, X_1(t)\}$$
$$= \{X_0(t), X_1(t) + X_0(2), \cdots, X_1(t-1) + X_0(t)\}$$

$X_1(t)$ 可建立下述微分方程：

$$\left(\frac{dx_1(t)}{dt}\right) + ax_1(t) = u \tag{3-1}$$

式中，a、u 为待辨识参数。这是一阶一个变量的微分方程模型，故记为 $M(1, 1)$。记参数列为 $\hat{a}$，$\hat{a} = \begin{vmatrix} a \\ u \end{vmatrix}$ 方程中的通用参数 a、u 由下式求得，用最小乘法得参数

$$\hat{a} = (B^TB)^{-1}B^TY_N \tag{3-2}$$

式中，B 为累加生成矩阵；Y_N 为向量。记号 T 表示矩阵的转置，-1 表示矩阵的逆。B 与 Y_N 的构成为：

$$B = \begin{vmatrix} -1/2(X_1(1)+X_1(2)) & 1 \\ -1/2(X_1(2)+X_1(3)) & 1 \\ \cdots & \cdots \\ -1/2(X_1(t-1)+X_1(t)) & 1 \end{vmatrix};$$

$$Y_N = [X_0(2), X_0(3), \cdots, X_0(t)]^T$$

微分方程的解为：

$$\hat{X}_1(t+1) = \left[X_0(1) - \frac{u}{a}\right]e^{-at} + \frac{u}{a} \tag{3-3}$$

由(3-3)式得到的数据是累加生成数据，需要作 1-AGO 处理，即：

$$\hat{X}_0(t) = \hat{X}_1(t) - \hat{X}_1(t-1) \tag{3-4}$$

根据(3-4)式，将累加预测序列作累减生成还原为非累加序列的预测值，再与原始值进行比较，对模型作残差检验。若精度不高，应作残差修正，建立残差预测模型，以提高模型的精度。

GM(1, n) 的建模过程与 GM(1, 1) 建模过程类似。GM(1, n) 模型的白化形式的微分方程为：

$$\frac{dx_0^1}{dt} + ax_0^{(1)} = b_2 x_1^{(1)} + b_3 x_2^{(1)} + \cdots + b_n x_{n-1}^{(1)} \tag{3-5}$$

近似时间相应式为：

$$\hat{x}_0^{(1)}(t+1) = \left(x_0^{(0)}(1) - \frac{1}{a}\sum_{i=1}^{N-1}b_i x_i^{(1)}(t+1)\right)e^{-at} \tag{3-6}$$
$$+ \frac{1}{a}\sum_{i=1}^{N-1}b_i x_i^{(1)}(t+1)$$

其中 t 为预测年的基准年份，$x_i^{(1)}(t+1)$ 为 $x_i^{(0)}$ 因子通过 GM(1, 1) 模型预测的一次累加生产值。计算出 $\hat{x}_0^{(1)}(t+1)$，对 $\hat{x}_0^{(1)}(t+1)$ 作还原生产，得到要素的预测值。

$$\hat{x}_0^{(0)}(t+1) = \hat{x}_0^{(1)}(t+1) - \hat{x}_0^{(1)}(t) \tag{3-7}$$

3.3.2 城市工业危险废弃物产生量预测

3.3.2.1 演算步骤：

第3章 城市危险废弃物产生现状及处理量预测研究

第1步：收集历年来的原始数据时间序列 $\{X_0(t)\}$，$t=0, 1, 2, \cdots, n$；并将原始数据序列作累加生成 $X_1(t) = \sum_{t=0}^{n} X_0(t)$，$t = 0, 1, 2, \cdots, n$。

第2步：将累加数据序列 $\{X_1(t)\}$ 建立 GM(1, 1) 模型，其微分方程为：

$$\left(\frac{dx_1(t)}{dt}\right) + ax_1(t) = u$$

预测模型为：

$$\hat{X}_1(t+1) = \left[X_0(1) - \frac{u}{a}\right]e^{-at} + \frac{u}{a}$$

用最小二乘法求得：

$$\begin{bmatrix} a \\ u \end{bmatrix} = (B^T B)^{-1} B^T Y_N$$

其中：

$$B = \begin{vmatrix} -1/2(X_1(1) + X_1(2)) & 1 \\ -1/2(X_1(2) + X_1(3)) & 1 \\ \cdots & \cdots \\ -1/2(X_1(t-1) + X_1(t)) & 1 \end{vmatrix}$$

$$Y_N = [X_0(2), X_0(3), \cdots, X_0(t)]^T$$

第3步：用(3-3)式求预测序列 $\{\hat{X}_1(t)\}$，$t = 0, 1, 2, \cdots, n$。并求出还原序列。

$$\hat{X}_0(t) = \hat{X}_1(t) - \hat{X}_1(t-1)$$

第4步：根据(3-4)式，将累加预测序列作累减生成还原为非累加序列的预测值，再与原始值进行比较，对模型作残差检验，绝对误差用 $\Delta(t)$ 表示，令

$$\Delta(t) = X_0(t) - \hat{X}_0(t) \qquad (3-8)$$

残差用 $\delta_{(t)}$ 表示，令 $\delta_{(t)} = \dfrac{实际值 - 模型值}{实际值} \times 100\%$。 (3-9)

一般要求 $\delta_{(t)} < 20\%$，最好是 $\delta_{(t)} < 10\%$。

第5步：将预测序列 $\{\hat{X}_1(t)\}$ 与累加序列 $\{X_1(t)\}$（或还原序列 $\{\hat{X}_0(t)\}$ 与原始序列 $\{X_0(t)\}$）作关联系数的计算。

$$r(t) = \frac{\{\min\min|X_0(t) - \hat{X}_0(t)| + \rho\max\max|X_0(t) - \hat{X}_0(t)|\}}{\{|X_0(t) - \hat{X}_0(t)| + \rho\max\max|X_0(t) - \hat{X}_0(t)|\}} \tag{3-10}$$

计算关联度：

$$R = \frac{1}{n}\sum_{t=1}^{n} r(t) \tag{3-11}$$

式中，R 为关联度；$r(t)$ 为预测值和实测值在 t 点的关联系数，ρ 为分辨系数，其取值范围为 0~1，一般取 0.5；$\min\min|X_0(t) - \hat{X}_0(t)|$ 为预测值和实际值的误差值的绝对值取最小值；$\max\max|X_0(t) - \hat{X}_0(t)|$ 为预测值和实际值的误差值的绝对值取最大值。

$R \in [0, 1]$，当 $R \geq 0.6$ 时，则可认为 GM(1, 1) 模型已具有可信赖的预测精度。当 $R < 0.6$ 时，则需作残差分析计算，提高其预测的精度。

第6步：进行后验差检验。

设 C 为后验差比值，P 为小误差频率。

$$\Delta(t) = X_0(t) - \hat{X}_0(t)$$

残差 $\delta_{(t)} = \dfrac{X_0(t) - \hat{X}_0(t)}{X_0(t)} \times 100\%$

X_0 的均值为：

$$\bar{x} = \frac{1}{n}\sum_{t=1}^{n} X_0(t) \tag{3-12}$$

X_0 的方差为：

$$S_1 = \sqrt{\frac{1}{n}\sum_{t=1}^{n}[X_0(t) - \bar{x}]^2} \tag{3-13}$$

绝对误差的均值为：

$$\bar{q} = \frac{1}{n-1} \sum_{t=2}^{n} \Delta(t) \qquad (3\text{-}14)$$

绝对误差的方差为：

$$S_2 = \sqrt{\frac{1}{n-1} \sum_{t=2}^{n} [\Delta(t) - \bar{q}]^2} \qquad (3\text{-}15)$$

后验差比值：

$$C = \frac{S_2}{S_1} \qquad (3\text{-}16)$$

小误差概率：

$$P = P\{|\Delta(t) - \bar{q}| < 0.6745 S_1\} \qquad (3\text{-}17)$$

检验指标精度等级如表 3-4 所示。

表 3-4　　　　　　　检验指标精度等级

预测精度等级	P	C
好	>0.95	<0.35
合格	>0.8	<0.5
勉强	>0.7	<0.45
不合格	≤0.7	≥0.65

3.3.2.2　模型的建立

灰色模型的主要特点是只要有三个以上的数据就可以建立模型。本研究以 2007—2010 年中国环境统计年报中全国工业危险废弃物产生量为原始数据（见表 3-2）建立我国危险废弃物年产生量的预测模型。原始数据列为 $X_0(t) = [1079, 1357, 1430, 1587]$，将 $X_0(t)$ 作 1-AGO 生成，得累积生成数列 $X_1(t)$。

$$X_1(t) = [1079, 2436, 3866, 5453]$$

构造矩阵 B、Y_N：

$$B = \begin{pmatrix} -(1079+2436)/2 & 1 \\ -(2436+3866)/2 & 1 \\ -(3866+5453)/2 & 1 \end{pmatrix} = \begin{pmatrix} -1758 & 1 \\ -3151 & 1 \\ -4660 & 1 \end{pmatrix}$$

$$Y_N = [1357, 1430, 1587]^T$$

计算 $(B^TB)^{-1}$

$$(B^TB)^{-1} = \left\{ \begin{pmatrix} -1758 & -3151 & -4660 \\ 1 & 1 & 1 \end{pmatrix} \times \begin{pmatrix} -1758 & 1 \\ -3151 & 1 \\ -4660 & 1 \end{pmatrix} \right\}^{-1}$$

$$= \begin{pmatrix} 0.000000237 & 0.00076 \\ 0.00076 & 2.74821 \end{pmatrix}$$

计算待辨参数 a、u:

$$\hat{a} = (B^TB)^{-1}B^TY_N = [a, u]^T = (-0.06112535 \quad 1145.88216)$$

$a = -0.06112535$

$u = 1145.88216$

$\dfrac{u}{a} = -18746.42984$

将上述计算参数代入(3-3)式,得出灰色预测模型方程:

$$\hat{X}_1(t+1) = 19825.42984e^{0.06112535t} - 18746.42984 \quad (3-18)$$

3.3.2.3 精度检验

将预测模型计算出的值代入(3-4)式,还原累减得预测值,再与各年度实际生成值相比较,进行模型精度检验。

(1)残差检验

应用(3-8)式和(3-9)式进行残差检验;一般要求 $\delta_{(k)} < 20\%$,最好是 $\delta_{(k)} < 10\%$。预测模型精度检验有关数据如表3-5所示。

表3-5　　　　　预测模型精度检验有关数据

t 值	0	1	2	3
实际值 $X_0(t)$ (万吨)	1079	1357	1430	1587
预测值 $\hat{X}_0(t)$ (万吨)	1079	1249.64	1328.41	1412.14
绝对误差 $\Delta(t)$ (万吨)	0	107.39	101.59	174.86
残差 $\delta(t)$ (%)	0	7.91	7.1	11.02

由表 3-5 可看出，预测值与实际值的残差波动较小，其范围为 7.1~11.02。

(2) 关联度检验

预测值与实际值之间的关联度(R)的计算：由(3-10)式确定关联系数 $r(t)$，然后用(3-11)式确定关联度 R。

经计算得关联度 $R = 0.647$，$R > 0.6$，因此，所得到的 GM(1, 1) 已具有可信赖的预测精度。

(3) 后验差检验

根据(3-12)式得：$\bar{x} = 1363$

根据(3-13)式得原始数据方差：$S_1 = 183.95$

根据(3-14)式得绝对误差均值：$\bar{q} = 127.95$

根据(3-15)式得绝对误差方差：$S_2 = 33.26$

根据(3-16)式得后验差比值：$C = \dfrac{S_2}{S_1} = 0.18 < 0.35$

根据(3-17)式得小误差概率：$0.6457 S_1 = 118.78$

$$P = P\{|\Delta(t) - \bar{q}| < 0.6745 S_1\} = 1$$

根据后验差比值 $C < 0.35$，$P > 0.95$，判定预测精度为第一级"好"。不需作残差辨识修订。通过以上分析可以看出，灰色模型 GM(1, 1) 经过检验，符合预测要求，可以用于我国工业危险废弃物产量的预测，预测结果可供环境管理部门作为参考依据。

3.3.2.4 城市工业危险废弃物产生量预测结果

本书建立了我国城市工业危险废弃物产生量的 GM(1, 1) 生产函数预测模型。

$$\hat{X}_1(t+1) = 19825.42984 e^{0.06112535t} - 18746.42984 \quad (3-18)$$

经过 3.3.2.3 节的精度检验，得关联度 $R = 0.647 > 0.6$，后验差比值 $C = 0.18 < 0.35$，小误差概率 $P > 0.95$，因此模型的精度判定为一级，精度较高，可以用来预测我国城市今后几年的工业危险废弃物产生量。表 3-6 列出了我国 2011—2020 年的工业危险废弃物产生量。

表 3-6　　　　2011—2020 年全国工业危险
　　　　　　　废弃物产生量预测值　　　单位：万吨

年份	2011	2012	2013	2014	2015	2016	2017	2018	2019	2020
废弃物产生量	1117	1596	1696	1804	1917	2037	2167	2302	2448	2603

3.3.3　城市工业危险废弃物处理量预测

从 3.3.2 节可以看出我国工业危险废弃物的产生量在逐年增加，再加之上一年的储存量，工业危险废弃物每年需要处理量更是庞大。对工业危险废弃物每年需处理量进行科学的预测，可以为工业危险废弃物管理提供参考意见。

由 3.3.2.3 精度检验，可知灰色模型 GM(1，1) 经过检验符合预测要求，可以用于我国工业危险废弃物产量的预测，预测结果可供环境管理部门作为参考依据。工业危险废弃物需处理量是"部分信息已知"、"部分信息未知"的灰色系统，因此，本节也采用灰色模型 GM(1，1) 预测我国城市工业危险废弃物处理量。

以表 3-2 中 2007—2010 年中国环境统计年报中工业危险废弃物的产生量和储存量为原始数据，对数据进行处理，工业危险废弃物（以下简称"工业危废"）每年需处理量为当年工业危险废弃物的产生量与上一年的储存量之和，即：

工业危废每年需处理量＝工业危废产生量＋上一年工业危废储存量

按照 GM(1，1) 建模方法建立预测模型。原始数据列为 $X_0'(t)$ ＝［1346，1511，1626，1806］，将 $X_0(t)$ 作 1-AGO 生成，得累积生成数列 $X_1'(t)$。

$X_1'(t)$ ＝［1346，2857，4483，6289］

构造矩阵 B'、Y_N'：

$$B' = \begin{pmatrix} -(1346+2857)/2 & 1 \\ -(2857+4483)/2 & 1 \\ -(4483+6289)/2 & 1 \end{pmatrix} = \begin{pmatrix} -2103 & 1 \\ -3670 & 1 \\ -5386 & 1 \end{pmatrix}$$

第3章 城市危险废弃物产生现状及处理量预测研究

$$Y'_N = [1511, 1626, 1806]^T$$

计算$(B'^T B')^{-1}$

$$(B'^T B')^{-1} = \left\{ \begin{pmatrix} -2103 & -3670 & -5386 \\ 1 & 1 & 1 \end{pmatrix} \times \begin{pmatrix} -2103 & 1 \\ -3670 & 1 \\ -5386 & 1 \end{pmatrix} \right\}^{-1}$$

$$= \begin{pmatrix} 0.0000001854 & 0.00069 \\ 0.00069 & 2.899 \end{pmatrix}$$

计算待辨参数a、u：

$$\hat{a} = (B'^T B')^{-1} B'^T Y'_N = [a', u']^T = (-0.0892 \quad 1307.96)$$

$a' = -0.0892$

$u' = 1307.96$

$\dfrac{u'}{a'} = -14663.23$

将上述计算参数代入(3-3)式，得出灰色预测模型方程：

$$\hat{X}'_1(t+1) = 16009.23 e^{0.0892t} - 14663.23 \quad (3-19)$$

根据(3-19)式可以预测我国城市今后几年的工业危险废弃物处理量。表3-7列出了我国2011—2020年的工业危险废弃物处理量。

表3-7　　2011—2020年全国工业危险废弃物处理量预测值　　单位：万吨

年份	2011	2012	2013	2014	2015	2016	2017	2018	2019	2020
废弃物处理量	1921	2134	2333	2551	2789	3049	3333	3645	3984	4357

3.4　本章小结

为了减少在危险废弃物管理中对危险废弃物的调查、鉴别、统计、管理、预测、设施建设等一些与危险废弃物管理相关的行动出现偏差甚至不准确，本章系统地研究和分析了危险废弃物产生的特性和现状,以城市危险废弃物为研究对象,结合中国环境保护局公布的历史统计数据,运用灰色系统理论建立了我国工业危险废弃物的 GM(1,1) 预测模型,对城市危险废弃物的产生量和处理量进行预测,预测结果表明我国工业危险废弃物产生量和处理量仍将随着经济的快速增长而大量增加,到 2020 年全国工业危险废弃物产生量和处理量分别为 2.603×10^7 吨和 4.357×10^7 吨,应该引起国家有关部门的关注,凸显了本书研究的必要性。

第4章 城市危险废弃物逆向物流的风险评价

从第3章的预测研究可知,今后几年,随着社会经济的迅速发展和人民生活水平的不断提高,将会产生越来越多的危险废弃物,为了有效管理危险废弃物,需要对危险废弃物进行集中处理,在集中处理之前,大量的危险废弃物会通过不同的运输方式被转移。由于危险废弃物具有特殊的危害性,它对人类的健康和生态环境都会产生严重的影响和潜在的威胁,一旦其危害性质爆发出来,不仅会使人畜中毒,还会引起燃烧和爆炸事故,也可能因无控焚烧、风扬、升华、风化而污染大气,还可能通过雨雪渗透污染土壤、地下水,由地表径流冲刷污染江河湖海,从而造成长久的、难以恢复的隐患及后果。比如,2012年6月29日,广州沿江高速南岗段(黄埔、萝岗交界处)发生一起货车追尾与油罐车相撞重大交通事故,溢油波及桥下货柜堆场,引起火灾,造成严重伤亡。因此,危险废弃物已成为国际社会严重关注的环境问题之一。迄今为止,工业化国家已经花费了亿万美元清理危险废弃物处置场地,疏散受到危险废弃物影响的居民,因此对危险废弃物物流的风险评价就显得尤为重要。危险废弃物给人类和生态环境带来的风险主要是在运输和处理处置过程中。

4.1 风险评价概述

一般来说,"风险"这个概念是综合考虑了某个特定的危害事件发生的可能性和后果严重程度后而得出的结论。风险评价技术是通过对潜在危险的定性和定量分析,估计污染物进入环境之后对环境造成危害的可能性及程度，用于描述未来实践的危险可能性[158]。

风险评价的历史可以追溯到20世纪30年代的保险业。而危险物品的风险评价是在80年代才在发达国家引起广泛关注。为了保证危险物品的生产、储存、运输和使用过程的安全，各国政府和一些国际组织相继出台了一些关于危险物品管理方面的法律和法规。许多研究者提出了多种风险评价模型。

目前，风险评价的方法主要有定性风险评价方法、半定量风险评价方法和定量风险评价方法。定性风险评价方法是根据风险，以不希望事件(系统危险因素)的发生概率和发生后果的严重性两个指标对系统危险因素进行定性评价的评价方法。定性风险评价方法包括安全检查、初步危险分析、列表检查、假设事故与后果分析等各种危险识别方法。定性评价可以根据专家的观点提供高、中、低风险的相对等级，但是危险事故发生后的频率和事故损失后果均不能量化。

半定量风险评价方法建立在实际经验的基础上，首先为事故发生后果和事故发生频率各分配一个指标，然后经过简单的数学运算将相对应的事故频率和严重程度的指标进行组合，从而形成一个相对的风险指标。该方法综合了定性法和定量法的知识，但是结果没有定量法精确。

定量风险评价方法，通过对系统事故概率和事故后果的严重程度进行评价，采用定量化的风险值对系统的危险性进行描述。

4.2 城市危险废弃物逆向物流风险评价的必要性

初期的危险废弃物评价，大多限于评估正常情况下某种或某些危险废弃物的环境影响。即使考虑其存在引发突发事件(事故)的风险，也只是进行相应的后果评价。在这样的评价过程中，并没有预测性地给出该危险废弃物所带来的风险的大小。由于环境问题日益突出，污染状况出现后的治理研究已不再适应环境管理的要求，决策者迫切需要预测在危险废弃物进入环境后的污染危害。危险废弃物风险评价就是直接为环境管理服务的一种科学活动,为决策者提供科学依据和技术支持,在决策中有着重要的地位和作用。

4.3 城市危险废弃物逆向物流风险评价的特点

危险废弃物风险评价是环境风险评价的一类,由于引起风险的种类及原因多种多样,目前对它的界定有各种不同的说法。具体来说,危险废弃物风险评价就是利用获得的知识和资料,依赖有关学科的研究成果,借助数学方法和计算机工具,来认识和鉴别危险废弃物所带来的风险类别、出现条件、对人和周围环境所造成的危害、后果及程度,并计算危害出现的可能性的过程。

危险废弃物风险评价具有以下几个特点:

(1)危险废弃物风险评价是一种由已知推测未知,由现在预测将来的认识过程。

(2)危险废弃物风险评价不仅仅局限于定性的描述,还必须建立在定量或半定量处理的数学基础上。

(3)从数学角度来说,危险废弃物风险评价处理的对象为不确定事件出现的概率。

4.4 城市危险废弃物物流运输中的风险评价

城市危险废弃物物流中的运输风险评价是危险废弃物运输网络优化选线的前提。危险废弃物物流的运输风险通常是指危险废弃物运输过程中所有可能发生的事故造成的损失后果的风险之和,它涉及不同的危险废弃物类型、事故发生地点等,是区域环境风险的主要类型之一。由2.6节可知,危险废弃物物流运输风险评价的基础是建立综合评价系统并构建合适的评价方法和数学模型。在各种运输方式中,采用公路运输方式运输危险废弃物产生的风险更大,因为道路常常经过人口较为密集的区域,尤其是在发展中国家。在评价之前,我们首先回顾了目前已有的风险模型,并给出了两个公理，检查这些模型是否满足这些公理。目前国内外在危险废弃物公路运输过程的风险评价中广泛采用定量风险评价方法。

4.4.1 危险废弃物物流公路运输风险评价程序

危险废弃物物流运输系统是一个复杂的系统，由危险废弃物、运输车辆、道路及设施、运输环境等要素构成，影响风险的因素较多，具有随机性和不确定性。风险评价的具体步骤如下：

(1) 资料收集和整理

在明确危险废弃物物流运输风险评价的对象和范围后，要收集相关的资料，包括运输路段发生事故的概率、沿线周边的人员密度和暴露情况、气象条件、交通运输状况、道路的地形特征、沿线的重大危险源等信息。

(2) 危害识别与分析

根据危险废弃物本身所具有的特性，从运输网络、运输车辆和影响区域范围进行危险性辨识分析，这是进行定量风险评价的前提。

(3) 风险分析与评价

在危险辨识与分析基础上，开始评估运输路段上发生事故的概率、影响的人数、人员伤亡风险、环境风险以及经济损失风险等。

(4) 风险减缓措施

根据风险分析的结果与风险容许标准进行决策，高于风险容许标准则必须采取降低或防范风险的措施，使风险处于可容许的范围之内。

危险废弃物物流运输风险评价的基本框架如图 4-1 所示。

4.4.2 危险废弃物公路运输风险评价模型及公理

4.4.2.1 风险评价模型

风险评价模型是危险废弃物公路运输风险评价的基础。通过分析国内外相关文献[153-168]可知，现有的危险废弃物运输风险评价模型有：

(1) 传统风险模型(Traditional Risk，TR)

第4章 城市危险废弃物逆向物流的风险评价

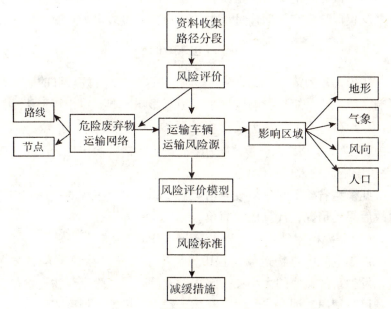

图4-1 危险废弃物物流运输风险评价的基本框架

传统风险模型是由美国交通管理局1980年提出的,主要考虑事故率和事故产生的后果两个方面,一般来说,对于某一给定的路线 r 上的风险可以表示为:

$$\mathrm{TR}(r) = \sum_{i=1}^{n} p_i C_i \qquad (4\text{-}1)$$

式中,p_i 表示在第 i 路段上发生事故的概率;C_i 表示在路段 i 上发生事故之后产生的后果。事故后果常常取决于事故发生地点给定区域内的人口暴露数;传统风险模型的表达式可以理解为危险物品在路段 r 上发生事故的后果期望值,目前最常用。使用这个模型实际上已经假设车辆经过所有路段,而且不考虑路段上发生的任何情况。这可能与实际不相符,因为在实际中,一旦事故发生了,运输过程就要终止,因此出现了很多对此模型的改进模型。

(2) 人口暴露模型(Population Exposure,PE)

由于传统风险模型具有一定的限制,并不能反映出某一路线 r

两侧的人口分布情况，于是就有学者提出了利用路线两侧的人口分布来反映危险废弃物运输过程中的风险，一般表示为：

$$PE(r) = \sum_{i=1}^{n} D_i \qquad (4-2)$$

式中，D_i 为第 i 路段沿线的影响区域内的总人数，目前研究的影响区域主要是矩形影响区域和半圆形影响区域。对于矩形影响区域，$D_i = 2\lambda l_i \rho(i)$；对于圆形影响区域，$D_i = \rho(i)(2\lambda l_i + \pi \lambda^2)$。其中，$l_i$ 为第 i 路段的长度，λ 为事故产生后的危险半径，$\rho(i)$ 为第 i 路段影响区域人口密度。

此模型省略了在危险废弃物运输过程中发生事故的概率和产生事故后果的情况，计算比较简单。

(3) 概率模型(Incident Probability, IP)

由于危险废弃物运输过程中，发生事故是产生风险的首要条件，发生事故概率的大小在一定程度上反映了危险废弃物运输过程中的风险情况。因此，危险废弃物运输中的风险也可以表示为：

$$IP(r) = \sum_{i=1}^{n} p_i \qquad (4-3)$$

式中，p_i 同(4-1)式。

此模型相对于传统风险模型，省略了发生事故之后的后果的度量，计算也相对简单。

(4) 感知风险模型(Perceived Risk, PR)

在危险废弃物运输过程中，不同的个体对于事故的感知是有所不同的，有时不同个体主观感知的风险可能会高于客观风险，有时可能会低于客观风险，因此出现了感知风险度量模型，即：

$$PR(r) = \sum_{i=1}^{n} p_i C_i^q \qquad (4-4)$$

式中，p_i 和 C_i 同(4-1)式。

与传统风险模型相比，感知风险模型对后果进行了一定的处理，考虑了风险偏好因子 q。$q=1$，表示模型中立(主观感知风险与客观风险相同)，即传统风险模型；$q>1$，表示模型风险规避(主观感知风险大于客观风险)，因此，选择人口稀疏的路径进行运输；$q<1$，表示模型冒险行为(主观感知风险小于客观风险)，很有可能冒险选择人口稠密的路径进行运输；

(5) 条件风险模型(Conditional Risk，CR)

我们前面介绍了，传统风险模型通常不考虑路段上发生的任何情况。在实际中，如果危险废弃物运输过程中发生事故，则放弃此路径，重新选择路径。为了消除危险废弃物运输过程中事故的潜在风险，提出了条件风险模型，即：

$$\mathrm{CR}(r) = \sum_{i\in r} p_i C_i / \sum_{i\in r} p_i \tag{4-5}$$

式中，p_i 和 C_i 同(4-1)式。

(6) 最小最大化模型(Minimax，MM)

最小最大化模型很直观，该模型的目的就是最小化道路沿线的最大影响人数。其表达式为：

$$\mathrm{MM}(r) = \max_{i\in r} C_i \tag{4-6}$$

式中，C_i 同(4-1)式。

(7) 均值—方差模型(Mean-variance，MV)

在危险废弃物运输过程中，许多人希望能够比较完整地衡量危险废弃物运输过程中的风险，同时还能够避免重大事故的发生，因此提出了均值—方差风险模型：

$$\mathrm{MV}(r) = \sum_{i=1}^{n} (p_i C_i + k p_i C_i^2) \tag{4-7}$$

式中，p_i 和 C_i 同(4-1)式。

此模型结合了传统风险和感知风险模型两方面的内容，能很好地反映危险废弃物运输中的整体风险以及避免重大事故的发生。

(8) 负效用模型(Disutility，DU)

充分考虑到事故后果对危险废弃物运输的影响，降低道路沿线的人员伤亡，引入了危险废弃物运输事故后果指数负效用函数，提出了负效用模型，即：

$$\mathrm{DU}(r) = \sum_{i=1}^{n} p_i (\exp(kC_i) - 1) \tag{4-8}$$

式中，$\exp(kC_i)$ 为负效用函数；p_i 和 C_i 同(4-1)式。

总结各模型具体表达式，如表4-1所示。

表4-1　　　　　　　危险废弃物运输风险评价模型

名　称	风险表达式
传统风险模型	$TR(r) = \sum_{i \in r} p_i C_i$
人口暴露模型	$PE(r) = \sum_{i \in r} D_i$
概率模型	$IP(r) = \sum_{i \in r} p_i$
感知风险模型	$PR(r) = \sum_{i \in r} p_i C_i^q$
条件风险模型	$CR(r) = \sum_{i \in r} p_i C_i / \sum_{i \in r} p_i$
最小最大化模型	$MM(r) = \max_{i \in r} C_i$
均值—方差模型	$MV(r) = \sum_{i \in r} (p_i C_i + k p_i C_i^2)$
负效用模型	$DU(r) = \sum_{i \in r} p_i (\exp(k C_i) - 1)$

4.4.2.2　运输风险的相关公理

为了检验上面提出的危险废弃物物流运输风险模型的可靠度，Erkut[155]提出了危险物品运输风险模型需要满足的两个公理，我们将用 V 表示一个非负路径的评价函数。这两个公理给出了评价函数的性质。

公理1：路径评价单调性公理

如果路径 r' 在路径 r 上，那么 $V(r') \leq V(r)$。这个公理意味着当现有路径上添加一个或多个链接时，其影响值不能减少。一般来说，常用的非负路径函数如距离、时间和成本等都满足公理1。

对于下一个公理，我们假设 V 表示一个或者多个路径链接属性函数。$V(r) = f(u_1(r), u_2(r), \cdots, u_k(r))$，$u_i(r)$ 为路线 r 上所有路段的同维向量。

公理 2：属性单调性公理

如果 $h_i \geq 0$，$i = 1, 2, \cdots, k$，那么 $f(u_1(r), u_2(r), \cdots, u_k(r)) \leq f(u_1(r)+h_1, u_2(r)+h_2, \cdots, u_k(r)+h_k)$。这个公理指出，如果对于一个特定链接的任意属性值增加，并且其他条件相同，那么路径值不能减少。具体来说，就是当 $u_1(r)$ 为事故概率的向量，$u_2(r)$ 为事故后果的向量，并且 $k=2$ 时，那么这个公理要求路径风险是事故概率和事故后果的非减函数。

在给出这两个公理后，Erkut[155]同时给出了表 4-1 中给出的所有风险模型是否满足这两个公理（见表 4-2）。

表4-2　8个风险表达式与两个公理之间关系的总结

	是否完全满足公理？	是否近似满足公理？
传统风险模型	No	Yes
人口暴露模型	Yes	N/A
概率模型	Yes	Yes
感知风险模型	No	Yes
条件风险模型	No	No
最小最大化模型	Yes	N/A
均值—方差模型	No	Yes
负效用模型	No	Yes

4.4.3　危险废弃物物流运输中风险的确定

4.4.3.1　事故率的确定

由 4.4.1 节风险评价程序可知，在进行风险确定之前，首先确定危险废弃物物流运输事故率。危险废弃物物流运输事故率与运输距离有关，通常发生危险废弃物运输事故概率可以计算为[161]：

$$P(R)_i = A_i \times P(R|A)_i \times l_i \qquad (4-9)$$

式中，$P(R)_i$ 为在第 i 路段上运输危险废弃物的事故率；A_i 为在第 i 路段上每公里发生事故的概率；$P(R|A)_i$ 为运输危险废弃物发生事故条件下的泄漏率；l_i 为第 i 路段的长度。

4.4.3.2 人口、环境和财产风险的确定

在危险废弃物运输过程中，事故的发生可能会造成路径两侧一定危险圈半径内的人员伤亡、环境污染和财产损失。因此，本书从人员伤亡风险、环境污染和财产损失这三个方面来衡量危险废弃物物流运输中事故后果，在此基础上估算总的风险。

(1) 人员伤亡风险的确定

由于危险废弃物本身具有较为特殊的特性，其在运输过程中一旦发生事故，往往会产生爆炸、毒气和腐蚀性液体泄漏等危害，会给运输路线两侧一定范围内的人口带来灾害性的影响。在确定危险废弃物运输路线时，要尽量避免穿过人口分布较为密集的区域。因此，要对路径两侧的一定范围内的人员伤亡风险进行分析评价。在这里，我们采用4.4.2节介绍的传统风险评价模型来确定危险废弃物运输过程中造成的人员伤亡风险，影响区域内的人员伤亡风险是危险废弃物运输过程中产生事故的概率与事故产生后可能会对周边人员产生影响的总数的乘积，其中运输事故率的确定已经在前面给出。在这里，我们还需要量化路径沿线一定影响区内的人员总数。

路径沿线影响区内的人数是危险废弃物运输风险评价和路径优化决策中确定可能事故后果的一个关键因素，与路径沿线影响区内的居民的密度分布有关，是危险废弃物运输路径优化的一个重要指标。矩形的影响区域的人员总数为：

$$D = \sum_i^{n(P)} D_i = \sum_i^{n(P)} 2\lambda l_i \rho(i) \tag{4-10}$$

式中，l_i 为第 i 路段的长度，λ 为危险圈的半径，$\rho(i)$ 为第 i 路段影响区域人口密度。

如果以圆形影响区域表示，则圆形影响区域的人员总数为：

$$D = \sum_i^{n(P)} \overline{D_i} = \sum_i^{n(P)} \rho(i)(2\lambda l_i + \pi\lambda^2) \tag{4-11}$$

如果以矩形区表示危险废弃物运输事故的影响范围，根据危险

废弃物运输传统风险模型(4-1)式以及(4-9)式、(4-10)式,危险废弃物运输事故影响区的人员伤亡风险可表示为[158]:

$$R_{POP} = \sum_{i=1}^{n(P)} P(R)_i D_i = \sum_{i=1}^{n(P)} P(R)_i (2\lambda l_i \rho(i))$$
$$= \sum_{i=1}^{n(P)} (2\lambda n(A_i P(R|A)_i l_i^2 \rho(i))) \qquad (4-12)$$

式中,R_{POP} 为危险废弃物运输事故影响区的人员风险;A_i 为在第 i 路段上每公里发生事故的概率;$P(R|A)_i$ 为运输危险废弃物发生事故条件下的泄漏率;l_i 为第 i 路段的长度;λ 为危险圈的半径,$\rho(i)$ 为第 i 路段影响区域人口密度。

(2)人员伤亡风险模型的有效性验证

为了检测上面所提出的人员伤亡风险模型的可信性,我们采用 4.4.2 节中提出的两个公理对其进行有效性验证。

验证1:路径评价单调性公理

证明:设路段 i 上发生事故的概率、泄漏率、路径长度、影响区域内的人口密度和危险圈半径分别为 A_i、$P(R|A)_i$、l_i、$\rho(i)$ 和 λ,显然,A_i、$P(R|A)_i$、l_i、$\rho(i)$ 和 λ 均大于等于0。这样,利用(4-12)公式得到的人口风险为:

$$R_{POP} = \sum_{i=1}^{n(P)} (2\lambda n(A_i P(R|A)_i l_i^2 \rho(i))) \geqslant 0 \qquad (4-13)$$

因此,有路径 r' 的人口风险大于等于路径 r 的人口风险,即 $R(r) \leqslant R(r')$。即证。

验证2:属性单调性公理

证明:利用(4-12)式可以分别得到路径 r 和路径 r' 的人口风险:

$$R_r = \sum_{r=1}^{n(P)} (2\lambda n(A_r P(R|A)_r l_r^2 \rho(r))) \qquad (4-14)$$

$$R_{r'} = \sum_{r'=1}^{n(P)} (2\lambda n(A_{r'} P(R|A)_{r'} l_{r'}^2 \rho(r'))) \qquad (4-15)$$

因为4-14式和4-15式中的事故概率、泄漏率、路径长度和危险半径 λ 内的人口密度四个变量均为非负实数,且分别有 $A_r \leqslant A_{r'}$、$P(R|A)_r \leqslant P(R|A)_{r'}$、$l_r \leqslant l_{r'}$ 和 $\rho_r \leqslant \rho_{r'}$。所以,显然有 $R_r \leqslant R_{r'}$,即证。

这样，显然有 $R_{r} \leqslant R_{r'}$，即证。

(3) 环境污染风险

危险废弃物公路运输事故发生后，可能受到风向、气候等的影响，会污染路径周边的环境（例如：农业用地、河流、湖泊、森林、土壤等区域）。这里我们以危险废弃物运输事故率与可能影响的区域面积或者体积的乘积来反映运输过程中的环境风险，模型如下[159]：

$$R_{env} = \sum_{i=1}^{n(P)} Area_i \theta_i h_m P(R)_i = \sum_{i=1}^{n(P)} (Area_i \theta_i h_m (A_i P(R|A)_i l_i n))$$

(4-16)

式中，R_{env} 为危险废弃物公路运输路径沿线环境污染风险；$Area_i$ 为第 i 路段上危险废弃物运输事故发生后影响区域的面积；θ_i 为在第 i 路段上危险废弃物类型 m 相对于标准扩散面积的比例系数；h_m 为危险废弃物类型 m 对环境污染的深度；其他参量同(4-12)式。

环境污染风险模型的有效性验证类似于上面提出的人员伤亡风险模型的有效性验证，在此不赘述。

(4) 财产损失风险

在危险废弃物运输过程中，发生事故后会对路径周边的财产造成损失。财产损失包括对运输车辆造成的损害以及破坏了私人和公共财产（例如：私人房产、公共道路、公共事业等）。这样，财产风险可以表示为：

$$R_m = \sum_{i}^{n(p)} (Cap_i/Q_i) Q_m \delta_m P(R)_i = \sum_{i}^{n(P)} (Cap_i/Q_i) Q_m \delta_m A_i P(R|A)_i l_i n$$

(4-17)

式中，Cap_i 为危险废弃物运输事故造成路径周围的财产损失；Q_i 为路径 i 的面积；Q_m 为危险废弃物发生泄漏时对财产有威胁的路径周围的面积；δ_m 为危险废弃物发生泄漏时在 Q_m 范围内对财产的损失率；其他参量同(4-12)式。

财产损失风险模型的有效性验证也类似于上面提出的人员伤亡风险模型的有效性验证，在此也不赘述了。

(5) 总风险的确定

在运输中考虑人员伤亡风险、环境污染风险和财产损失风险。则危险废弃物运输过程中的总风险可以表示为：

$$R_{hw} = R_{POP} + R_{env} + R_m \quad (4\text{-}18)$$

由于人员伤亡风险、环境污染风险和财产损失风险不具有统一的量纲，这就需要对这三个风险指标进行量纲统一，这里我们用经济损失来表示风险，引入了 L_{pop} 和 L_{env} 系数将人员伤亡风险和环境污染风险换算成经济损失。L_{pop} 表示在危险废弃物运输过程中造成的单位人员伤亡的损失；L_{env} 表示在危险废弃物运输过程中造成的单位环境污染损失；因此危险废弃物运输过程中的总风险可以转换为：

$$R_{hw} = L_{pop}R_{POP} + L_{env}R_{env} + R_m \quad (4\text{-}19)$$

4.4.4 算例

假设某种危险废弃物从产生点 O 运至最终处置点 D，其运输网络如图 4-2 所示。在此，我们假设危险废弃物发生泄漏事故后的危险半径为 0.5km；在第 i 路段上危险废弃物类型 m 相对于标准扩散面积的比例系数为 1；危险废弃物对环境污染的深度为 1km；危险废弃物发生泄漏时对财产有威胁的路径周围的面积为 1000km²；危险废弃物发生泄漏时在 Q_m 范围内对财产的损失率为 0.08。表 4-3 给出了各路段的基本信息。

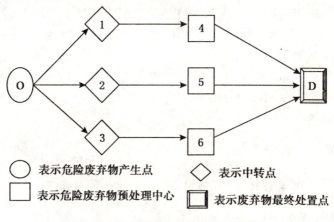

图 4-2 某种危险废弃物的运输网络

表4-3　　　　　　　　　各路段的基本信息

路段	距离 (km)	事故概率 (10^{-6})	泄漏率	人口密度 (人/km^2)	环境面积 (km^2)	路段面积 (km^2)	财产损失 (10^6元)
O—1	54	1.35	0.062	608	112	23	500
1—4	50	1.36	0.086	782	213	20	750
4—D	60	1.34	0.082	1027	113	29	1030
O—2	42	1.35	0.062	387	156	15	650
2—5	70	2.75	0.062	807	310	31	320
5—D	42	0.40	0.090	509	250	15	700
O—3	59	2.79	0.081	708	117	28	1260
3—6	67	1.65	0.055	745	158	30	690
6—D	60	1.36	0.086	488	129	29	540

从图4-2中可以看出,此种危险废弃物从产生点 O 到最终处置点 D 有 3 种路线,即 O—1—4—D、O—2—5—D、O—3—6—D;假设我们只以风险最小化作为需求最优路线的标准。则根据(4-12)式,(4-16)式和(4-17)式分别求解危险废弃物运输过程中的人员伤亡风险、环境污染风险和财产损失风险。

$R_{POP}^1 = 2 \times 0.5 \times 1.35 \times 10^{-6} \times 0.062 \times 54^2 \times 608 + 2 \times 0.5 \times 1.36 \times 10^{-6} \times 0.086 \times 50^2 \times 782 + 2 \times 0.5 \times 1.34 \times 10^{-6} \times 0.082 \times 60^2 \times 1027 = 0.7833(人)$

$R_{env}^1 = 112 \times 1 \times 1 \times 1.35 \times 10^{-6} \times 54 \times 0.062 + 213 \times 1 \times 1 \times 1.36 \times 10^{-6} \times 50 \times 0.086 + 113 \times 1 \times 1 \times 1.34 \times 10^{-6} \times 60 \times 0.082 = 2496.8 m^3$

$R_m^1 = \frac{500}{23} \times 1000 \times 0.08 \times 1.35 \times 10^{-6} \times 0.062 \times 54 + \frac{750}{20} \times 1000 \times 0.08 \times 1.36 \times 10^{-6} \times 0.086 \times 50 + \frac{1030}{29} \times 1000 \times 0.08 \times 1.34 \times 0.082 \times 60 = 0.0441 \times 10^6 (元)$

在此,我们取每人的死亡产生的经济损失 L_{pop} 为 10^6 元,每单

位的环境损失 L_{env} 为 300 元/m³，根据 3-19 式，则线路 O—1—4—D 的总风险为：

$$R_{hw}^1 = L_{pop} R_{POP}^1 + L_{env} R_{env}^1 + R_m^1$$
$$= 0.7833 \times 10^6 + 2496.8 \times 300 + 0.0441 \times 10^6$$
$$= 1.576 \times 10^6 (元)$$

同理得到另外两条线路的总风险：$R_{hw}^2 = 2.18 \times 10^6$（元）；$R_{hw}^3 = 2.16 \times 10^6$（元）。

可以看出，线路 1 的总风险最小，因此，我们选取线路 O—1—4—D 运输危险废弃物。

4.5 基于模糊综合评价法的城市危险废弃物处理中心的风险评价

为了防止危险废弃物对环境造成污染，必须采取合理的方式对危险废弃物进行无害化处理，而在危险废弃物无害化处理过程中，其潜在的危险因素可能给处理中心的工作人员和周围的环境造成一定的风险和危害。因此，需要对城市危险废弃物处理中心的风险进行评价。由于危险废弃物处理中心的潜在风险因素具有模糊性，风险评价的主要依据是专家根据实际进行的主观评价。鉴于此，本书采用模糊综合评价法对其进行风险评价。

由于模糊综合评价法在评价过程中可能应用了大量的人的主观判断，而且所考虑的各因素的权重确定也带有一定的主观性，其评价结果的准确性和可靠性依赖于合理地选取因素以及因素的权重分配。而目前常用的评价方法——层次分析法则可以较好地解决所选取的因素的权重分配问题。加之它是在对复杂问题的本质、影响因素以及内在关系等逐个深入分析之后，构建层次模型，在计算过程中采用线性代数的方法，数学原理严密，并且对各指标之间重要程度的分析更具逻辑性，可信度较大，所以在城市危险废弃物处理中心风险评价中将层次分析法嵌入模糊综合评价法中，充分发挥这两者的优势，取长补短，使评价的结果更符合实际。

通过查阅相关文献，本书从事故发生的可能性和事故发生后造成的后果两方面进行风险评价。

4.5.1 模糊综合评价法的基本理论

在综合评价问题中，对应于每一个因素，都有一个确定的评价分数，但对于许多问题，并不能简单地用一个分数加以评价。按照同一评价因素，不同的人会得出不同的评价结果，这时的评价结果，不再是一个确定的数，而是一个用语言来表达的模糊概念了。为了得到正确的评价结果，应该采用模糊综合评价方法。

模糊综合评价[170]就是应用模糊变换原理和最大隶属度原则，考虑与被评价事物相关的各个因素，对其所做的综合评价。该方法的数学模型如下：

(1) 确定评价因素集合 U

$$U = \{u_1, u_2, \cdots, u_m\} \quad (4\text{-}20)$$

式中，u_i 是评价因素，$i = 1, 2, \cdots, m$；m 是同一层次上单个因素的个数，这一集合构成了评价的框架。

(2) 确定评价结果集合 V

$$V = \{v_1, v_2, \cdots, v_m\} \quad (4\text{-}21)$$

式中，v_j 是评价结果，$j = 1, 2, \cdots, n$；n 是元素的个数，即等级数或评语档次数。这一集合规定了某一评价因素的评价结果的选择范围。结果集合的元素可以是定性的，也可以是量化的分值。

(3) 确定隶属度矩阵

对第 i 个评价因素 u_i 进行单因素评价得到一个相对于 v_j 的模糊向量：

$$R_j = (r_{i1}, r_{i2}, \cdots, r_{im}), \ i = 1, 2, \cdots, m; \ j = 1, 2, \cdots, n \quad (4\text{-}22)$$

r_{ij} 为元素 u_i 具有 v_j 的程度，$0 \leqslant r_{ij} \leqslant 1$。若对 n 个元素进行了综合评价，其结果是一个 n 行 m 列的矩阵，称为隶属矩阵 R。显然，该矩阵中的每一行是对每一个单因素的评价结果，整个矩阵包含了按评价结果集合 V 对评价因素集合 U 进行评价所获得的全部信息。

(4) 确定权重向量

$$W = \{w_1, w_2, \cdots, w_n\}; \quad (4\text{-}23)$$

式中，w_i 表示因素 u_i 的权重，$i=1,2,\cdots,n$；满足 $\sum_{i=1}^{n} w_i = 1$，$0 \leqslant w_i \leqslant 1$。

(5) 得到最终的评价结果

权重向量 W 与隶属矩阵 R 的合成就是该事物的最终评价结果，即：

$$B = WR = (b_1, b_2, \cdots, b_m) \tag{4-24}$$

式中，$b_j = \sum_{i=1}^{n} w_i \cdot r_{ij}$，$j = 1, 2, \cdots, m$。

4.5.2 危险废弃物处理中心风险评价模型的建立

4.5.2.1 事故发生的可能性风险评价

(1) 确定评价因素和评价集

通过查阅相关文献资料，本书认为影响危险废弃物处理过程的风险因素主要有危险废弃物的处理量、危险废弃物的种类、危险废弃物的处理工艺和职工的安全意识，即 $U = \{$处理量，种类，处理工艺，安全意识$\}$；为了使对危险废弃物处理中心的风险评价简洁、直观，在此我们选取四个评价结果建立评价集：$V = \{$很高，高，中，低$\}$。

依据相关的文件和规范建立上述各指标的评语集，如表4-4至表4-7所示。

表4-4 危险废弃物处理中心处理量(t/d)的分级标准[①]

级别		风险度值	评判标准
Ⅰ级	很高	76–100	$D \geqslant 1200$
Ⅱ级	高	51–75	$600 \leqslant D < 1200$
Ⅲ级	中	26–50	$150 \leqslant D < 600$
Ⅳ级	低	0–25	$0 < D \leqslant 150$

---

① 表4-4至表4-7数据取自国家环境保护总局《危险废弃集中焚烧处置工程建设技术要求(试行)》。

表 4-5　　　　　处理的危险废弃物种类的分级标准

级别		风险度值	评判标准
Ⅰ级	很高	76–100	三种以上
Ⅱ级	高	51–75	三种
Ⅲ级	中	26–50	两种
Ⅳ级	低	0–25	一种

表 4-6　　　　　所采用的处理工艺的分级标准

级别		风险度值	评判标准
Ⅰ级	很高	76–100	三种以上
Ⅱ级	高	51–75	三种
Ⅲ级	中	26–50	两种
Ⅳ级	低	0–25	一种

表 4-7　　　　　职工安全意识的分级标准

级别		风险度值	评判标准
Ⅰ级	很高	76–100	职工安全意识很差，经常违章作业
Ⅱ级	高	51–75	职工安全意识差
Ⅲ级	中	26–50	职工安全意识一般
Ⅳ级	低	0–25	职工安全意识高

(2) 确定隶属度矩阵

为了综合评价危险废弃物处理中心发生事故风险的可能性，我们选取了该行业的相关专家18人组成评审团，以问卷调查的形式让他们对给出的四个评价因素进行评价。通过对调查表的回收、整理和统计，得到评价结果的统计表，如表4-8所示。

表4-8　某危险废弃物处理中心的各风险因素评价的调查结果统计表

评价 指标	很高	高	中	低
处理量	2	6	6	4
种类	4	7	5	2
处理工艺	5	8	4	1
安全意识	3	7	6	2

根据表4-8，可以构造模糊评判矩阵为：

$$R = \begin{bmatrix} 0.11 & 0.33 & 0.33 & 0.23 \\ 0.22 & 0.39 & 0.28 & 0.11 \\ 0.28 & 0.44 & 0.22 & 0.06 \\ 0.17 & 0.39 & 0.33 & 0.11 \end{bmatrix} \quad (4\text{-}25)$$

(3) 确定各因素的权重

利用层次分析法进行求解权重。

通过专家打分，确定两因素中哪个更为重要、重要多少，需要对重要多少赋予一定的数值。影响危险废弃物处理中心安全的评价指标为四个，根据专家打分构成矩阵，采用数字1~9及其倒数作为重要性标度。其中，1表示两元素同样重要；3、5、7、9分别表示一个元素比另一个元素稍微重要、明显重要、强烈重要、极端重要(见表4-9[170])。

表4-9　判断矩阵标度及其含义

序号	重要性等级	C_{ij} 赋值
1	i、j 两元素同等重要	1
2	i 元素比 j 元素稍微重要	3
3	i 元素比 j 元素明显重要	5
4	i 元素比 j 元素强烈重要	7
5	i 元素比 j 元素极端重要	9

续表

序号	重要性等级	C_{ij} 赋值
6	i 元素比 j 元素稍微不重要	1/3
7	i 元素比 j 元素明显不重要	1/5
8	i 元素比 j 元素强烈不重要	1/7
9	i 元素比 j 元素极端不重要	1/9

注：C_{ij} = {2, 4, 6, 8, 1/2, 1/4, 1/8} 表示重要性等级介于 C_{ij} = {1, 3, 5, 7, 9, 1/3, 1/5, 1/7, 1/9}。这些数据是根据人们进行定性分析的直觉和判断力而确定的。

针对危险废弃物处理中心的事故可能性的风险评价，请本行业的专家根据所建立的评价指标进行两两比较得到相应的层次分析（见表4-10）。

表4-10 层次分析表

A	y_1	y_2	y_3	y_4	$\prod_{j=1}^{4} y_{ij}$	$\overline{W_i} = \sqrt[4]{\prod_{j=1}^{4} y_{ij}}$	$W_i = \overline{W_i} / \sum_{i=1}^{4} \overline{W_i}$
y_1	1	1/3	1/4	2	1/6	0.638943	0.126836
y_2	3	1	1/2	3	4.5	1.456475	0.289122
y_3	4	2	1	5	40	2.514867	0.49922
y_4	1/2	1/3	1/5	1	1/30	0.427287	0.08482

注：y_i 为各评价指标；n 为评价指标的个数；W_i 为各指标的权重。

所以各指标的权重 W = {0.126836, 0.289122, 0.49922, 0.08482}。

(4) 综合评价

$B = WR = (0.126836, 0.289122, 0.49922, 0.08482)$

$$\begin{pmatrix} 0.11 & 0.33 & 0.33 & 0.23 \\ 0.22 & 0.39 & 0.28 & 0.11 \\ 0.28 & 0.44 & 0.22 & 0.06 \\ 0.17 & 0.39 & 0.33 & 0.11 \end{pmatrix} = (0.23, 0.407, 0.263, 0.101)$$

(4-26)

根据最大隶属度原则,认为危险废弃物处理中心发生事故风险的可能性高。

4.5.2.2 事故后果的风险评价

1. 确立评价因素和评价集

对于危险废弃物处理中心发生事故后所造成的损失后果,通过大量的调研,我们认为一般从经济损失(U_1)、人员伤亡(U_2)和环境污染(U_3)三个方面来考虑。为了使对危险废弃物处理中心的事故后果的风险评价简洁、直观,在此我们选取四个评价结果建立评价集:$V=\{$很严重,严重,一般,轻微$\}$。

(1)经济损失(U_1)

事故发生后会对周边的经济造成损失,主要从周边的经济状况(U_{11})、处理中心的损害(U_{12})、停产的损失(U_{13})、处理中心临近危险源的情况(U_{14})和危险废弃物处理中心周边交通道路情况(U_{15})五个方面考虑。其评语集如表4-11至表4-15所示。

表4-11　　　　周边经济状况分级标准

级　别	风险度值	评判标准
Ⅰ级	很严重	76—100	工业聚集区、基础设施(水、电、气、交通)聚集区以及自然旅游区
Ⅱ级	严重	51—75	普通工业园区及财产集中区域
Ⅲ级	一般	26—50	财产较为集中区域
Ⅳ级	轻微	0—25	财产稀疏区域

表 4-12　　　　　处理中心的损害分级标准

级别		风险度值	评判标准
I级	严重	68-100	损害大
II级	一般	34-67	损害一般
III级	轻微	0-33	损害小

表 4-13　　　　　停产损失的分级标准

级别		风险度值	评判标准
I级	严重	68-100	损失大
II级	一般	34-67	损失一般
III级	轻微	0-33	损失小

表 4-14　　危险废弃物处理中心临近危险源情况分级标准

级别		风险度值	评判标准
I级	很严重	76-100	处理中心临近易燃、易爆场所,如加油站
II级	严重	51-75	处理中心临近储存有易燃、易爆危险品的仓库
III级	一般	26-50	处理中心临近大规模的办公区、生活区
IV级	轻微	0-25	处理中心临近小规模配套设施区

表 4-15　危险废弃物处理中心周边交通道路分级标准

级别		风险度值	评判标准
Ⅰ级	很严重	76–100	危险区域内有铁路、港口、码头等
Ⅱ级	严重	51–75	危险区域内有高速公路、桥梁等
Ⅲ级	一般	26–50	危险区域内有国道、流量较大的普通道路
Ⅳ级	轻微	0–25	危险区域内有流量不太大的普通公共交通道路

（2）人员伤亡（U_2）

人员伤亡损失与周边危险区域内人口数量（U_{21}）、人员伤亡数（U_{22}）和社会对事故的评价（U_{23}）三个方面有关。其评语集如表 4-16 至表 4-18 所示。

表 4-16　周边危险区域内人口数量分级标准

级别		风险度值	评判标准（人）
Ⅰ级	很严重	76–100	公共场所（学校、医院等），M>10000，大型居民区，M≥3000
Ⅱ级	严重	51–75	中型居民区，1000≤M<3000
Ⅲ级	一般	26–50	小型居民区，100≤M<1000
Ⅳ级	轻微	0–25	人口稀疏区，M<100

表 4-17　人员伤亡数的分级标准

级别		风险度值	评判标准	
			死亡人数（人）	受伤人数（人）
Ⅰ级	很严重	76–100	$Y≥10$	$Y≥50$
Ⅱ级	严重	51–75	$3≤Y<10$	$10≤Y<50$
Ⅲ级	一般	26–50	$1≤Y<3$	$3≤Y<10$
Ⅳ级	轻微	0–25	0	$Y<3$

表4-18　　　　　　　　　社会对事故的评价

级别		风险度值	评判标准
Ⅰ级	严重	68-100	社会认为伤亡是极严重事件
Ⅱ级	一般	34-67	社会认为伤亡是较严重事件
Ⅲ级	轻微	0-33	社会对伤亡的后果评价一般

(3) 环境污染 (U_3)

危险废弃物处理中心发生事故会对周边的生态环境造成影响，其评语集如表4-19所示。

表4-19　危险废弃物处理中心发生事故后影响生态环境的分级标准

级别		风险度值	评判标准
Ⅰ级	很严重	76-100	1. 危险影响半径区域内有居民生活用水水域和省级的江河、湖泊和水库等；2. 空气污染严重，有毒性气体蔓延；3. 附近土壤被破坏性腐蚀
Ⅱ级	严重	51-75	1. 危险影响半径区域内有居民生活用水水域或市级江河、湖泊；2. 空气污染较严重，有轻微毒性气体蔓延；3. 附近土壤被严重腐蚀
Ⅲ级	一般	26-50	1. 危险影响半径区域内有工业用水水域或县级河流、湖泊；2. 空气中度污染；3. 附近土壤被中度腐蚀
Ⅳ级	轻微	0-25	1. 危险影响半径区域内有工业用水水域或乡镇级河流、湖泊；2. 空气轻度污染；3. 附近土壤被轻度腐蚀

2. 确立模糊综合评判矩阵

我们同样选取了该行业的专家18人组成评审团，以问卷调查的形式让他们对书中给出各评价因素进行评价。通过对调查表的回收、整理和统计，得到评价结果的统计表，如表4-20所示。

表4-20 某危险废弃物处理中心事故后果因素评价的调查结果统计表

评价因素	很严重	严重	一般	轻微
周边经济状况	1	4	9	4
处理中心损害	0	5	7	6
停产的损失	0	8	6	4
临近危险源	2	2	4	10
周边交通	3	8	4	3
人口数量	1	4	11	2
人口伤亡数	4	5	8	1
社会评价	0	6	11	1
生态环境	7	9	1	1

3. 分层作综合评价

首先对经济损失(U_1)进行综合评价，针对危险废弃物处理中心的事故后果的风险评价，请本行业的专家根据所建立的评价指标进行两两比较得到相应的层次分析表（见表4-21）。

表4-21 层次分析表

A	y_1	y_2	y_3	y_4	y_5	$\prod_{j=1}^{5} y_{ij}$	$\overline{W_i} = \sqrt[5]{\prod_{j=1}^{5} y_{ij}}$	$W_i = \overline{W_i} / \sum_{i=1}^{5} \overline{W_i}$
y_1	1	1/3	1/7	4	1/2	4/42	0.62483	0.09054
y_2	3	1	1/2	5	4	30	1.97435	0.28609
y_3	7	2	1	4	6	336	3.20087	0.46382
y_4	1/4	1/5	1/4	1	1/3	1/210	0.34321	0.04973
y_5	2	1/4	1/6	3	1	1/4	0.75786	0.10982

所以，经济损失的权重 $W_1 = (0.09054, 0.28609, 0.46382, 0.04973, 0.10982)$。由表 4-21 得到 U_1 的模糊评判矩阵为

$$R_1 = \begin{bmatrix} 0.06 & 0.22 & 0.5 & 0.22 \\ 0 & 0.28 & 0.39 & 0.33 \\ 0 & 0.44 & 0.33 & 0.22 \\ 0.11 & 0.11 & 0.22 & 0.56 \\ 0.17 & 0.44 & 0.22 & 0.17 \end{bmatrix} \quad (4\text{-}27)$$

$B_1 = W_1 R_1 = (0.09054, 0.28609, 0.46382, 0.04973, 0.10982)$

$\begin{bmatrix} 0.06 & 0.22 & 0.5 & 0.22 \\ 0 & 0.28 & 0.39 & 0.33 \\ 0 & 0.44 & 0.33 & 0.22 \\ 0.11 & 0.11 & 0.22 & 0.56 \\ 0.17 & 0.44 & 0.22 & 0.17 \end{bmatrix} = (0.03, 0.3578, 0.3494, 0.263)$

(4-28)

同样对人员伤亡（U_2）进行综合评价，请本行业的专家根据所建立的评价指标进行两两比较得到相应的层次分析表（见表 4-22）。

表4-22 层次分析表

A	y_1	y_2	y_3	$\prod_{j=1}^{3} y_{ij}$	$\overline{W_i} = \sqrt[3]{\prod_{j=1}^{3} y_{ij}}$	$W_i = \overline{W_i} / \sum_{i=1}^{3} \overline{W_i}$
y_1	1	1/3	4	4/3	1.1006	0.2797
y_2	3	1	5	15	2.4662	0.6267
y_3	1/4	1/5	1	1/20	0.3684	0.0936

所以，人员伤亡的权重 $W_2 = (0.2797, 0.6267, 0.0936)$，由表 4-21 得到 U_2 的模糊评判矩阵为：

$$R_2 = \begin{bmatrix} 0.06 & 0.22 & 0.61 & 0.11 \\ 0.22 & 0.28 & 0.44 & 0.06 \\ 0 & 0.33 & 0.61 & 0.06 \end{bmatrix} \quad (4\text{-}29)$$

$B_2 = W_2 R_2 = (0.2797, 0.6267, 0.0936)$

$$\begin{bmatrix} 0.06 & 0.22 & 0.61 & 0.11 \\ 0.22 & 0.28 & 0.44 & 0.06 \\ 0 & 0.33 & 0.61 & 0.06 \end{bmatrix} = (0.1547, 0.2679, 0.5034, 0.074)$$

(4-30)

同样对环境污染(U_3)进行综合评价。

$$B_3 = W_3 R_3 = (0.39, 0.5, 0.06, 0.06) \quad (4-31)$$

4. 高层次的综合评价

$U = \{U_1, U_2, U_3\}$,请本行业的专家根据所建立的评价指标进行两两比较得到相应的层次分析表(见表4-23)。

表4-23 层次分析表

A	y_1	y_2	y_3	$\prod_{j=1}^{3} y_{ij}$	$\overline{W_i} = \sqrt[3]{\prod_{j=1}^{3} y_{ij}}$	$W_i = \overline{W_i} / \sum_{i=1}^{3} \overline{W_i}$
y_1	1	1/4	1/3	1/12	0.4368	0.122
y_2	4	1	2	8	2	0.5584
y_3	3	1/2	1	3/2	1.1447	0.32

所以,总体权重 $W = (0.122, 0.5584, 0.32)$,则综合评价:

$$B = WR = W \begin{pmatrix} B_1 \\ B_2 \\ B_3 \end{pmatrix} = (0.122, 0.5584, 0.32)$$

$$\begin{bmatrix} 0.03 & 0.3578 & 0.3494 & 0.263 \\ 0.1547 & 0.2679 & 0.5034 & 0.074 \\ 0.39 & 0.5 & 0.06 & 0.06 \end{bmatrix} = (0.2149, 0.3533, 0.3429, 0.0926)$$

(4-32)

根据最大隶属度原则,认为危险废弃物处理中心发生的事故后果严重。

4.6 本章小结

本章首先介绍了风险评价的方法，给出了危险废弃物物流公路运输风险评价模型及公理，然后在确定了风险因素的基础上，利用定量风险评价方法对城市危险废弃物物流运输中的风险进行了评价，危险废弃物物流运输中的风险主要包括人员伤亡风险、环境污染风险和经济损失风险，本章从这三个方面衡量危险废弃物物流运输中事故后果，在此基础上估算总的风险，并给出了算例进行分析。

其次，本章采用模糊综合评价法对城市危险废弃物处理中心的风险进行评价，包括事故发生可能性的风险评价和事故发生后造成的后果的风险评价，评价结果认为危险废弃物处理中心发生事故风险的可能性高，事故后果严重。

本章所做的工作旨在说明危险废弃物逆向物流选址—路径确定过程存在很大的风险，并将风险量化，为后续的建模工作打下基础。

第5章 带时间窗约束的多仓库有容量限制的选址—路径问题（LRP）的模型研究

货物的配送是物流与供应链管理中最重要的决策。配送网络设计的目的是确定货物和商品在所选择的网络结构中从供应点到需求点的移动的最佳方式。在设计配送网络时，需要作出很多决策，从供应链层数的确定到寻找最优的设施位置。这些决策经常被分为战略层、战术层和运作层。一个战略层或长期的决策不会有规律地发生，需要许多资产的投资。长期决策之一就是确定设施的位置。设施位置的选择是一个非经常性的、跨功能的和群决策的问题。战术层的决策往往比战略层的决策更必要。战术层决策的一个关键问题就是车辆路径问题。最后如调度这种运作决策是经常发生的。物流设施选址—路径问题（LRP）运用集成物流管理这一新的管理概念，充分认识到了设施定位、供应商和客户的分配以及运输路线问题之间的相互依赖性，将战略层（选址）和战术层（车辆路径问题）进行综合考虑，解决有关定位—运输路线协调的问题，避免了配送方案的局部最优。目前关于 LRP 的研究比较多。在文献综述部分我们已经进行了阐述，为了简洁起见，现将较有代表性的 LRP 问题的研究及其应用整理成表 5-1。

表 5-1　　　　　各种 LRP 问题的研究

作者（年份）	研究问题的类型
Laporte 等（1989）	随机定位—运输问题（SLRP）[89]
Laporte 和 Dejax（1989）	动态定位—运输问题（DLRP）[68]

续表

作者(年份)	研究问题的类型
Berman 等(1995)	不确定性定位—运输问题(ULRP)[73]
Liu 和 Lee(2003)	定位—运输—库存问题(LRIP)[81]
Melechovsky 等(2005)	非线性成本的 LRP[108]
张潜等(2003)	集成化物流系统中 LRP 算法[114]
闻轶(2006)	随机物流选址和车辆路径优化问题[127]
周凯(2005)	随机时间定位—运输路线安排问题[125]

上述研究成果为物流管理系统的选址—路径问题的研究奠定了基础，但是多数的研究成果仅考虑单级物流系统，而且是在确定环境下进行研究。但是在实际生产和生活中，很多因素是不可确定的，比如运输路线选择过程中，由于一些不确定因素造成的运输时间的不可预测，等等。因此，本章研究了模糊环境下的多仓库有容量限制的二级物流系统的优化问题，对相关的物流系统成本进行细化，应用组合优化理论、模糊集理论进行研究，建立模糊环境下的带时间窗约束的多仓库有容量限制的 LRP 的数学模型。

5.1 组合优化问题概述

由于 LRP 属于组合优化问题，因此我们在阐述 LRP 的数学模型和求解算法之前，必须对组合优化问题及其求解方法做简单的阐述。

5.1.1 组合优化问题的描述

组合优化问题[169-170]的目标是从组合问题的可行解集中求出最优解，组合优化涉及排序、分类、筛选等问题，它是运筹学中的一个重要分支。组合优化问题可以用以下数学模型描述(以目标函数求最小为例)：

第5章 带时间窗约束的多仓库有容量限制的选址—路径问题(LRP)的模型研究

$$\min f(x)$$
$$s.t. \quad g(x) \geqslant 0$$
$$x \in D$$

其中，$f(x)$ 为目标函数，$g(x)$ 为约束函数，x 为决策变量，D 表示有限个点组成的集合。

5.1.2 组合优化中邻域的概念

通常邻域是指以点为中心、以 ε 为半径的圆的内部点的全体，即集合叫做点的邻域，并称点为邻域的中心。在函数极值的数值求解中，邻域是一个非常重要的概念，函数的下降或上升都是在一点的邻域中寻求变化方向。在组合优化问题中，上述所讲的邻域的概念通常已不再适用。因此，在组合优化问题中，需要重新定义邻域的概念。

定义 5.1：对于组合优化问题 (D, F, f)，D 上的一个映射：$N: S \in D \rightarrow N(S) \in 2^D$

称为一个领域映射，其中 2^D 表示 D 的所有子集组成的集合，$N(S)$ 称为 S 的领域，$S' \in N(S)$ 称为 S 的一个邻居。

有了邻域的定义后，就可以定义局部最优解和全局最优解的概念。

定义 5.2：若 s^* 满足 $f(s^*) \leqslant (\geqslant) f(s)$，其中，$s \in N(s^*) \cap F$，则称 s^* 为 f 在 F 上的局部(Local)最小(最大)解。若 $f(s^*) \leqslant (\geqslant) f(s)$，其中，$s \in F$，则称 s^* 为 f 在 F 上的全局(Global)最小(最大)解。

以一维变量 x 为例，定义域为区间 $[1,10]$ 中的整数点，如果采用如下领域定义：$N(x) = \{y \in Z_+ | \ |y-x| \leqslant 1\}$，目标值如图 5-1 所示，则 $x=9$ 为 f 的全局最优(最小)点，$x=5$ 为 f 的局部最优(最小)点。

对于此组合优化问题，传统的求解算法是从一个初始点出发，在邻域中寻找使目标函数值更小的点，最后达到一个无法使目标函数值再下降的点。如图 5-1 所示，若以 $x=4$ 为起点按传统的优化方法搜索最小值点，则搜索到 $x=5$ 而停止，搜索到局部最优解，

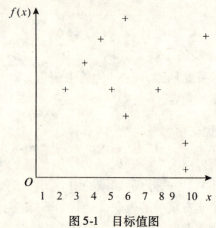

图 5-1 目标值图

但不一定是问题的全局最优解。组合优化问题的求解算法主要就是求得问题的全局最优解或近似最优解。

5.1.3 组合优化问题的求解

目前求解组合优化问题的方法主要有精确算法和启发式算法两大类。在求解规模较小的问题时,精确算法较为实用,求得结果较为精确。但在求解规模较大的问题时,精确算法较难实现,因此,选用启发式算法,启发式算法可以在有限的时间内找到满意解。

1. 精确算法

精确算法指可求出最优解的算法,主要针对数学模型进行求解,计算量一般随问题规模的增大而呈指数增长,所以多用于规模较小的问题。目前常用的精确算法有分支界定法、动态规划法、割平面法等。

(1)分支界定法[171]

分支界定法(Branch and Bound Method)是由 Land 和 Diog 提出,Daskin 修正的。它可以用于全部整数型和部分整数型规划。分支定界法思路清晰、方法直观,但需要反复运用单纯形法求解,增大了计算工作量。

(2)动态规划法[171]

动态规划算法通常用于求解具有某种最优性质的问题。在这类问题中，可能会有许多可行解。每一个解都对应于一个值，我们希望找到具有最优值的解。动态规划是美国数学家贝尔曼(R. Bellman)在1957年提出的。他在《动态规划》中指出应用动态规划求优时的最优化原则就是："作为整个过程的最优策略具有这样的性质：即无论初始状态如何，对前面的决策所形成的状态而言，余下的所有决策必须构成一个最优策略。"这个原则就是我们建立动态规划数学模型的理论依据。

(3)割平面法

割平面法是由高莫瑞(R. E. Gomory)在1958年提出的，故又称为Gomory割平面法。它的基本思路是：先不考虑整数约束条件，求松弛问题的最优解，如果获得整数最优解，即为所求，运算停止。如果所得到最优解不满足整数约束条件，则在此非整数解的基础上增加新的约束条件重新求解。这个新增加的约束条件的作用就是去切割相应松弛问题的可行域，即割去松弛问题的部分非整数解(包括原已得到的非整数最优解)，而把所有的整数解都保留下来，故称新增加的约束条件为割平面。当经过多次切割后，就会使被切割后保留下来的可行域上有一个坐标均为整数的顶点，它恰好就是所求问题的整数最优解。即切割后所对应的松弛问题，与原整数规划问题具有相同的最优解。

总的来说，精确性算法是基于精确数学的方法，这类方法对数据的确定性和准确性有严格的要求。而实际生活中很多信息具有很高的不确定性，有些只能用随机变量或模糊集合，乃至语言变量来描述。此外，由于实际问题的复杂性，往往造成问题的规模很大，而利用精确方法求解往往难以满足大规模的组合优化问题的要求。

2. 启发式算法

前面我们讲到在实际中，需要解决许多复杂的组合优化问题。但是，一般情况下采用传统的精确算法难以进行有效的求解。因此提出了启发式算法，它主要针对于用传统精确算法所不能求解的优化问题。

1975年，美国Michigan大学的J. H. Holland教授及其学生、同

事提出了遗传算法(Genetic Algorithms)。这种优化方法模仿生物种群中优胜劣汰的选择机制,通过种群中优势个体的繁衍进化来实现优化的功能。

1977年,Glover 提出了禁忌搜索算法(Tabu search,TS),几乎同时 P. Hansen 也做了类似的研究。它是一个著名的智能启发式搜索算法。这种方法将记忆功能引入最优解的搜索过程中,通过设置禁忌区阻止搜索过程中的重复,从而大大提高了寻优过程的搜索效率。

1983年,Kirkpatrick 提出了模拟退火算法(Simulated Annealing)。这种方法模拟热力学中退火过程能使金属原子达到能量最低状态的机制,通过模拟的降温过程按波尔兹曼(Boltzmann)方程计算状态间的转移概率来引导搜索,从而使算法具有很好的全局搜索能力。

20世纪90年代初,意大利学者 Dorigo 等提出了蚁群优化算法(Ant Colony Optimization),这种算法借鉴蚂蚁群体利用信息素相互传递信息来实现路径优化的机理,通过记忆路径信息素的变化来解决组合优化问题。它尤其适用于处理传统搜索方法难以解决的复杂和非线性问题。

1995年,Kennedy 和 Eberhart 提出了粒子群优化算法(Particle Swarm Optimization)。这种算法模仿鸟类和鱼类群体觅食迁徙中,个体与群体协调一致的机理,通过群体最优方向、个体最优方法和惯性方向的协调来求解实数优化问题。近年来该方法已经成为新的研究热点。

1999年,Linhares 提出了捕食搜索算法(Predatory Search)。这种算法模拟猛兽捕食中大范围搜寻和局部蹲守的特点,通过设置全局搜索和局部搜索间变换的阈值来协调两种不同的搜索模式,从而实现了对全局搜索能力和局部搜索能力的兼顾。

此外,近年来,还提出了模仿食物链中物种相互依存的人工生命算法(Atificial Life Algorithms);模拟人类社会多种文化间的认同、排斥、交流和改变等特性的文化算法(Cultural Algorithms)等各具特点的智能优化算法。在此不多做阐述。

相对于传统精确算法,以上算法具有一些共同的特点:

(1)不以达到某个最优性条件或找到理论上的精确最优解为目标,而是更看重计算的速度和效率;

(2)对目标函数和约束函数的要求十分宽松;

(3)算法的基本思想都是来自对某种自然规律的模仿,具有人工智能的特点;

(4)算法含有一个多个体的种群,寻优过程实际上就是种群的进化过程。

5.1.4 求解组合优化问题时处理约束条件的方法

组合优化问题一般包含多个约束条件,例如 LRP 问题就是一个典型的多约束组合优化问题,我们在采用禁忌搜索算法、遗传算法、蚁群算法等启发式算法对其进行求解时,需要对问题中的约束条件进行相应的处理。目前还没有一种能够处理各种约束条件的一般化方法,因此,我们在对约束条件进行相应处理时,一般针对具体的问题的约束条件的特征,选用不同的处理方法。处理约束条件的方法主要有如下两种:

(1)搜索空间限定法

此方法的基本思想是对算法的搜索空间的大小加以限制,使得搜索空间中的每个点都与解空间中的可行解有一一对应关系。

对于一些比较简单的约束条件,一般只要在解的表示方法上着手,就可以达到搜索空间与解空间之间的一一对应的要求。采用此种处理方法能够提高算法的搜索效率。但是,我们还要注意,除了要在解的表示方法上想办法之外,也必须要保证在算法迭代过程中经过有关操作算子作用后所产生出的新解的有效性。

(2)惩罚函数法

这是一种组合优化中处理约束的常用方法。此方法的基本思想是:对于不满足约束条件的不可行解,在计算其目标函数值时,给予一个惩罚函数,可以降低该不可行解的评价值。这种方法的特点是可以适当地接受非可行解,扩大了搜索空间,使得一些非可行解有了生存的机会。确定合理的惩罚函数是此种处理方法的难点,因为此方法既要考虑如何度量解对约束条件不满足的程度，又要考虑算法在计算效率上的要求。

5.2 模糊集理论基本知识

模糊集理论最早是由 Zadeh[172]于 1965 年提出并且得到进一步的研究，在此基础上，刘宝碇[173]提出了可信性理论。

定义 5.3：设 Θ 是一个非空集合，$p(\Theta)$ 是由 Θ 的所有子集组成的集合，如果集函数 Pos 满足下面的条件：

（公理 1）Pos$\{\Theta\}$ = 1；

（公理 2）Pos$\{\phi\}$ = 0；

（公理 3）Pos$\{U_i A_i\}$ = sup$_i$ Pos$\{A_i\}$ 对任意 $p(\Theta)$ 的子类 $\{A_i\}$ 成立，则称 Pos 为可能性测度。此时，称 $\{\Theta, p(\Theta), \text{Pos}\}$ 为一个可能性空间。

定义 5.4：一个可能性空间 $\{\Theta, p(\Theta), \text{Pos}\}$ 到实数集 $\Re$ 的函数称为一个模糊变量。n 维模糊变量是一个从可能性空间 $\{\Theta, p(\Theta), \text{Pos}\}$ 到 n 为实向量空间 $\Re^n$ 的函数。

在 Zadeh 的模糊集理论中，定义了两种测度，即可能性测度（Pos）和必要性测度（Nec）。模糊事件的可能性是指在所有使得该事件成立的值中最大的可能性。而必要性定义为这个事件的对立面的不可能性。我们设 ξ 为一个模糊变量，其隶属函数为 $\mu(x)$，r 为一个实数。则模糊事件 $\{\xi \geq r\}$ 的可能性和必要性可分别表示为：

$$\text{Pos}\{\xi \geq r\} = \sup_{u \geq r} \mu(u),$$

$$\text{Nec}\{\xi \geq r\} = 1 - \text{Pos}\{\xi < r\} = 1 - \sup_{u < r} \mu(u),$$

从以上定义我们可以看出，当一个模糊事件的可能性是 1 时，该事件未必成立，同样，当该事件的必要性是 0 时，该事件也可能发生。因此我们引入了可信性测度的概念[173]：模糊事件的可信性（Cr）定义为该模糊事件模糊性和必要性的平均，即：

$$\text{Cr}\{\xi \geq r\} = \frac{1}{2}[\text{Pos}\{\xi \geq r\} + \text{Nec}\{\xi \geq r\}] \qquad (5\text{-}1)$$

由于该测度是自对偶的，这一点在理论上和实际应用中意义很大。可信性测度是用来度量模糊事件发生机会的工具,它在度量模糊事件发生的机会时比可能性测度和必要性测度存在优势。例如,当一个模糊事件发生的可能性是1时,这个事件不一定能够真的发生,同样当模糊事件的必要性是0时,这个事件也有可能发生。但是当模糊事件的可信性是1时,这个事件一定会发生,当模糊事件的可信性是0时,这个事件一定不会发生。从这一点上讲,当我们用可信性测度做决策时,得到的结果必然会优于用可能性测度和必要性测度得到的结果。

定义5.5:如果 ξ 是一个模糊变量,基于可信性测度,有如下的期望值定义:

$$E[\xi] = \int_0^\infty Cr\{\xi \geq r\} dr - \int_{-\infty}^0 Cr\{\xi \leq r\} dr, \qquad (5\text{-}2)$$

只要其中的一个积分是有限的。

此外,刘宝碇还证明了当模糊变量 ξ 和 η 独立时,模糊变量期望值算子具有线性性质,即对任意的实数 a 和 b,有:

$$E[a\xi + b\eta] = aE[\xi] + bE[\eta] \qquad (5\text{-}3)$$

定义5.6:设 ξ 为一模糊变量,并且 $\alpha \in (0, 1]$,则:

$$\xi_{\inf}(\alpha) = \inf\{r \mid Cr\{\xi \leq r\} \geq \alpha\} \qquad (5\text{-}4)$$

称作 ξ 的 α -悲观值。

例1:梯形模糊变量 ξ 用四元组 (a, b, c, d) 来表示,其隶属函数如图5-2所示,其中 $a < b < c < d$。

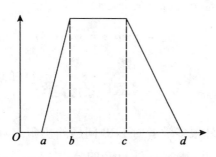

图5-2 梯形模糊变量的隶属函数

根据可能性、必要性和可信性的定义，很容易获得该模糊变量的可能性分布、必要性分布以及可信性分布。

$$\text{Pos}\{\xi \geq x\} = \begin{cases} 1, & \text{如果 } x \leq c \\ \dfrac{d-x}{d-c}, & \text{如果 } c < x \leq d \\ 0, & \text{如果 } x > d \end{cases} \quad (5\text{-}5)$$

$$\text{Nec}\{\xi \geq x\} = \begin{cases} 0, & \text{如果 } x \geq b \\ \dfrac{b-x}{b-a}, & \text{如果 } a \leq x < b \\ 1, & \text{其他} \end{cases} \quad (5\text{-}6)$$

$$\text{Cr}\{\xi \geq x\} = \begin{cases} 1, & \text{如果 } x < a \\ \dfrac{2b-a-x}{2(b-a)}, & \text{如果 } a \leq x < b \\ \dfrac{1}{2}, & \text{如果 } b \leq x \leq c \\ \dfrac{d-x}{2(d-c)}, & \text{如果 } c < x \leq d \\ 0, & \text{其他} \end{cases} \quad (5\text{-}7)$$

例 2：根据模糊变量期望值的定义，可知三角模糊数 $\xi = (a, b, c)$ 的期望值：

$$E[\xi] = \frac{1}{4}(a + 2b + c)$$

梯形模糊变量 $\eta = (a, b, c, d)$ 的期望值

$$E[\eta] = \frac{1}{4}(a + b + c + d)$$

5.3 LRP 的分类

目前，国内外很多学者对 LRP 问题给出很多种分类，最具代表性的是 Hokey Min 等学者对 LRP 的分类[77]。国内学者张潜、崔广彬、周凯、闻轶等人在其论文中[116,125,127,137]也采用了这种分类方法。这种分类方法标准十分详尽，几乎包含了 LRP 的各个方面。

Hokey 的分类是依据问题的特征进行的，具体如表 5-3 所示。

表 5-3　　　　　　　　　　LRP 的分类标准

	分类标准		
1	货物流向	单向	双向
2	需求特征	确定性的	随机性的
3	服务设施的数量	单个设施	多个设施
4	运输车辆数量	单个车辆	多个车辆
5	车辆的载重能力	不确定的	确定的
6	设施的容量	不确定的	确定的
7	物流分级	单级	多级
8	计划期间	单期	多期
9	时间约束	无时间窗约束	有时间窗约束
10	目标数	单目标	多目标
11	模型数据类型	假设值	实际值

5.4　LRP 的求解算法

　　LRP 是定位—配给问题（LAP）和运输车辆路线安排问题（VRP）的集成，属于 NP-hard 问题。而且 LRP 所研究的问题是在已知设施点和客户点的约束条件下，确定设施的位置、数目和运输路线，因此，属于组合优化问题。由于问题的复杂性，对其进行求解存在一定的困难。目前，一般采用启发式算法来求解 LRP 问题，采用启发式算法可以提高求解的速度，还可以求解规模较大的问题。求解 LRP 的启发式算法可以分为：禁忌搜索算法、模拟退火算法、遗传算法、蚁群算法等。在 5.1.3 节中我们已对这些启发式算法做了简单的介绍。目前常用方法是两阶段启发式算法，将 LRP 问题分解成两个子问题，将这两个问题依次采用启发式算法进行求解。采用两阶段方法可使复杂的问题简单化,避免发生局部最优的后果。

Hokey Min 认为求解 LRP 问题的启发式方法主要有如下四种[77]:

(1)先解决定位—配给问题,然后再解决运输路线安排问题(Location-allocation,Route-second);

(2)先求解运输路线安排问题,然后再求解定位—配给问题(Route-first,Location-allocation-sencond);

(3)费用降低/插值算法(Savings/Insert);

(4)路线改进/交换(the Tour Improvement/Exchange)。

Perl 和 Daskin[61]将多设施 LRP 问题分成了三个子问题:(1)多设施车辆调度问题;(2)设施的定位—配给问题;(3)运输路线安排问题;先解决定位—配给问题,然后解决车辆路线安排问题构造一个初始可行解,然后采用一种改进方法求得最优解。此算法解决了考虑配送中心可变费用和有通过能力约束限制的 LRP 模型。Srisvastava 和 Beton[4]给出了一个两阶段求解算法,采用"先求解运输路线安排问题,然后求解定位—配给问题"的方法获得初始解,然后通过改进求得最优解。Tuzun 和 Burke[103]两阶段的禁忌搜索算法;首先采用禁忌搜索算法求解车辆运输路线安排问题,然后再用禁忌搜索算法求解定位—配给问题,得到问题的初始解,最后用领域改进的搜索法进行改进。

在启发式算法中,禁忌搜索算法具有全局寻优能力,而且比较容易实现,自从 20 世纪 90 年代就引起了广泛的重视。遗传算法是一种全局优化概率算法,具有以下优点:(1)遗传算法对所求解的优化问题没有太多的数学要求,由于它的进化特性,搜索过程中不需要问题的内在性质,对于任意形式的目标函数和约束,无论是线性的还是非线性的,离散的还是连续的都可处理。(2)进化算子的各态历经性使得遗传算法能够非常有效地进行概率意义的全局搜索。(3)遗传算法对于各种特殊问题可以提供极大的灵活性来混合构造邻域独立的启发式,从而保证算法的有效性。因此,本书在构造了 LRP 数学模型后,采用禁忌搜索—遗传混合算法对 LRP 问题进行求解。

5.5 带时间窗约束的多仓库有容量限制的 LRP 问题的数学模型构建

前面我们介绍了 LRP 的分类，从中我们可以看出，目前对 LRP 的研究有很多种，在本书，我们研究的物流网络为典型的二级结构的网络，要考虑分销设施的两个层次：第一级和第二级。第一级设施指的是运输行程起始点或目的地，例如，制造工厂、医院、废品集中中心、飞机场或废品倾倒点等。第二级设施指运输中的中间点或中转站，例如，仓库、分销中心、废品转运站等。所以本书假设物流网络中包括一个工厂、多个分销仓库和多个客户（见图 5-3）。其中假定第一级设施定位于已知、固定的地点，而二级设施的位置是未知的，需要通过相应的因素分析进行定位，此外，在实际应用中，线路受损、线路的维护、天气条件或者负载情况等原因，使得我们不能将路径上的权值即每条弧的长度、费用或者运输时间看作确定的值。但是，有时我们能够获得历史数据，从这些历史数据中我们能够获得这些权值的分布，在这种情况下，经常把弧上的权值看作随机变量，并且利用概率论理论的知识来研究。然而，有些时候很难获得历史数据或者历史数据不可靠时，没办法获得这些权值的分布，只能由专家根据自己的经验主观地给出，这时模糊集理论能够很好地处理这种情况。所以，在本章中我们对模糊环境下的带时间窗约束的多仓库有容量限制的 LRP 问题进行讨论。首先介绍文中提到的符号参数，并对问题进行分析，然后进行建模。

在本书中，为了对问题进行建模，我们考虑网络图 $G = (V, E)$，其中 V 是网路图的节点集合，包含子集 I 和 J；弧集为 E。每个弧用节点的有序对 (i, j) 来表示，其中 $(i, j) \in E$，模糊旅行时间与 E 集合中各个元素有关联，这些旅行时间都用三角模糊变量来表示；可以开设的仓库和使用的车辆的数量都是变量。每个仓库 $i \in I$ 有容量限制和固定开设成本，容量限制为 Q_i，固定成本为 F_i；单位距离运输成本为 θ。每个顾客 $j \in J$ 的需求量为 d_j。车辆的容量限制 Q 已经给出。使用每辆车都有一个固定成本 η。

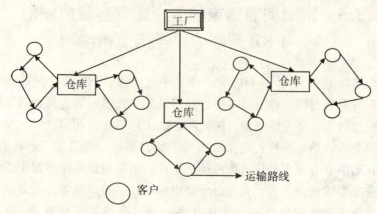

图 5-3 典型的两级设施的 LRP

5.5.1 模型的目标分析

(1)总成本最低

集成物流管理系统的优化研究中首要的目标就是要合理地安排集成物流系统中的各个环节以实现总成本最低。本书所研究的 LRP 问题的总成本包括工厂的固定费用、仓库的建立和库存成本以及车辆的指派成本和运输成本。

(2)满足客户的要求

集成物流管理系统优化研究就是为了满足顾客的要求,包括时间需求、数量的需求、质量需求,等等。所以在模型中我们考虑,在供货期内合理地安排路径,尽可能满足客户的需求。

(3)准时到达

近年来,出现了准时制(JIT)的概念,JIT 不仅作为一种生产方式,也作为一种通用管理模式在物流、电子商务等领域得到推行。它要求货物按照客户的需要准时到达,以提高物流服务质量,减少库存成本。

5.5.2 基本假设

由于 LRP 属于 NP-hard 问题,在解决问题过程中,求精确解存

第5章 带时间窗约束的多仓库有容量限制的选址—路径问题(LRP)的模型研究

在一定的困难。因此，在构建模型时，我们对模型做一定程度的假设，提高模型的可行性。本书对模型做了以下假设：

(1)假设工厂的位置是固定的，仓库的位置是不确定的，需要从给定的潜在仓库中确定出合适的仓库；

(2)有多个潜在的仓库，要求每个仓库满足多个客户的需求；

(3)客户的需求是确定的，且为单一品种的商品，规格和价值相同；

(4)每个需求点仅能由一个仓库为其提供服务；

(5)每个需求点仅由一辆车且只能由一辆车为其提供服务；

(6)运输车辆为同一类型，且每辆车在完成每次运输任务后返回到出发点；

(7)每条巡回运输路线上的客户总需求不能超过车辆的载重能力；

(8)分派到每个仓库的总载重量不能超过仓库的容量；

(9)每个客户对货物送达有时间要求，要求货物在时间范围 $[a_v, b_v]$ 内送到；

(10)考虑货物的相关成本，包括货物本身的成本、订购成本、库存成本，但不考虑缺货成本。

5.5.3 模型参数及决策变量

我们引入问题建模时将会使用以下集合、参数和变量。

集合：

I——系统中所有潜在仓库的节点集合，$I = \{1, 2, 3, \cdots, d\}$。

J——系统中所有客户节点的集合，$J = \{d+1, d+2, \cdots, d+n\}$。

K——系统中所有运输车辆的集合，$K = \{1, 2, 3, \cdots, m\}$。

V——所有的仓库和客户的集合，$V = I \cup J$。

参数：

F_i——在 i 处建立或租用仓库的固定成本，$i \in I$。

F_p——工厂 p 的固定成本。

C_{pi}——工厂 p 到仓库 i 的单位运输费用，$i \in S$。

y_{pi} ——工厂 p 到仓库 i 的运量，$i \in S$。

θ ——单位距离运输成本。

η ——使用运输车辆的固定成本。

q_j ——客户 j 的需求量，$j \in J$。

Q_k ——运输车辆 k 的容量，$k \in K$。

Q_i ——潜在仓库 i 的容量，$i \in I$。

μ ——货物的单位成本。

A ——固定订购成本。

h_i ——仓库 i 的单位存储成本，$i \in I$。

N_i ——仓库 i 的订货批量，$N_i = \sqrt{\dfrac{2\sum_{k=1}^{m}\sum_{j=y_{k-1}+1}^{y_k} q_{x_j} \cdot t_{ki} \cdot A}{h_i \mu}}$，$i \in I, k \in K$。

D_{ij} ——节点 i 到节点 j 间运输距离，$i, j \in V$。

T_{ij} ——节点 i 到节点 j 间模糊旅行时间，$i, j \in V$。

S_j ——在客户节点 j 的卸货时间，$j \in J$。

$[a_v, b_v]$ ——在节点 v 的时间窗，$v \in V$。

模型中的决策变量：

$t_{ki} = \begin{cases} 1 \\ 0 \end{cases}$，如果运输车辆 k 被指派给仓库 i，则 t_{ki} 为 1，否则为 0；$i \in I, k \in K$。

$W_{pi} = \begin{cases} 1 \\ 0 \end{cases}$，如果货物由工厂 p 运至仓库 i 则 W_{pi} 为 1，否则为 0；$i \in I$。

$U_i = \begin{cases} 1 \\ 0 \end{cases}$，如果在节点 i 处建立或租用一个仓库，则 U_i 为 1，否则为 0；$i \in I$。

$Y_{ij} = \begin{cases} 1 \\ 0 \end{cases}$，如果客户 j 被分配给仓库 i，则 y_{ij} 为 1，否则为 0；$i \in I, j \in J$。

我们用三个决策向量 X，Y，Z 来描述运作计划，其中 $X =$

$(x_1, x_2, \cdots, x_n)$ 是整数决策变量，表示 n 个顾客被重新排列为 $\{1, \cdots, n\}$ $1 \leq x_i \leq n$, $x_i \neq x_j (i \neq j)$ $i, j = 1, 2, \cdots, n$；$Y = \{y_1, y_2, \cdots, y_m\}$ 是整数决策变量，其中 $y_0 \equiv 0 \leq y_1 \leq y_2 \leq \cdots \leq y_{m-1} \leq n \equiv y_m$；$Z = (z_1, z_2, \cdots, z_m)$ 是关于仓库的整数决策变量，$1 \leq z_k \leq d$, $k = 1, 2, \cdots, m$。

用 $g(x, y, z)$ 表示模型的目标成本。用 $f_j(x, y, z)$ 表示车辆到达客户 j 的时间。我们假设车辆如果在时间窗开始时间之前到达客户节点，那么车辆必须等到时间窗开始时间才能进行卸货。但是，如果车辆是在时间窗规定时间范围内到达，那么卸货服务必须马上开始。即 $f_j(x, y, z) \in [a_j, b_j]$, $j \in J$。我们知道车辆运输时间经常因为不可预测的因素而不可确定，它是模糊变量，为了度量这种不确定性，人们开始用模糊数学来表述车辆运输时间的不确定性，所以在本章的 LRP 模型中车辆的运输时间用三角模糊数来表示，而且在系统中增加一个机会约束，满足顾客时间窗的约束。因此，这个机会约束可以通过采用可信任性理论来表示，此约束如下：

$$\mathrm{Cr}\{f_v(x, y, z) \in [a_v, b_v], v = 1, 2, \cdots, d+n\} \geq \alpha \tag{5-8}$$

5.5.4 数学模型

$$g(x, y, z) = \min \left(F_p + \sum_{i \in J} C_{pi} \cdot y_{pi} \cdot W_{pi} + \sum_{i \in J} \sum_{j \in J} \sum_{k \in K} \eta \cdot (W_{pi} + t_{ki}) \right.$$

$$+ \sum_{i \in J} F_i \cdot U_i + \sum_{i \in J} \left(\mu \cdot \sum_{k=1}^{m} \sum_{j=y_{k-1}+1}^{y_k} q_{x_j} \cdot t_{ki} + \frac{A \sum_{k=1}^{m} \sum_{j=y_{k-1}+1}^{y_k} q_{x_j} \cdot t_{ki}}{N_i} \right.$$

$$\left. + \frac{N_i}{2} \cdot h_i \cdot \mu \right) + \sum_{i \in J} \sum_{j \in J} \sum_{k \in K} \theta \cdot D_{ij} \cdot t_{ki} \right) \tag{5-9}$$

约束条件为：

$$\sum_{i=1}^{d} t_{ki} = 1, k = 1, 2, \cdots, m \tag{5-10}$$

$$\sum_{j=y_{k-1}+1}^{y_k} q_{x_j} \leq Q_k, k = 1, 2, \cdots, m \tag{5-11}$$

$$\sum_{k=1}^{m}\sum_{j=y_{k-1}+1}^{y_k} q_{x_j} \cdot t_{ki} \leq Q_i, i=1,2,\cdots,d \tag{5-12}$$

$$t_{ki} \leq U_i, i=1,2,\cdots,d; k=1,2,\cdots,m \tag{5-13}$$

$$\text{Cr}\{f_v(x,y,z) \in [a_v, b_v], v=1,2,\cdots,d+n\} \geq \alpha \tag{5-14}$$

$$\sum_{i=1}^{d} t_{ki} + U_i + U_r \leq 2, \forall r \in I, i \in I, k=1,2,\cdots,m \tag{5-15}$$

$$\sum_{i=1}^{d} t_{ki} - U_i \geq 0, i \in I, k \in K \tag{5-16}$$

$$\sum_{i=1}^{d} t_{ki} - U_i \leq 0, i \in I, k \in K \tag{5-17}$$

$$1 \leq x_i \leq n, i=1,2,\cdots,n \tag{5-18}$$

$$x_i \neq x_j, i \neq j, i=1,2,\cdots,n \tag{5-19}$$

$$0 = y_0 < y_1 < y_2 < \cdots < y_m = n \tag{5-20}$$

$$1 \leq z_k \leq d, k=1,2,\cdots,m \tag{5-21}$$

$$x_i, y_j, z_k, i=1,2,\cdots,n, j; k=1,2,\cdots,m, \text{整数} \tag{5-22}$$

$$t_{ki}, U_i \in \{0, 1\} \tag{5-23}$$

$$W_{pi} \in \{0, 1\} \tag{5-24}$$

$$Y_{ij} \in \{0, 1\} \tag{5-25}$$

(5-9)式为目标函数，保证整个物流系统的总费用最小（包括设施固定费用，车辆运输费用和库存费用）；(5-10)式表示运输车辆 k 被指派给仓库 i；(5-11)式为车辆容量约束，保证车辆承担的客户需求不超过车辆的容量；(5-12)式为仓库容量约束，保证分派到每个仓库的总载重量不能超过仓库的容量；(5-13)式保证每辆车被分派给一个仓库，且仅当仓库被开放时；(5-14)式为可信任理论表示车辆运输时间；(5-15)式保证在任意两个仓库之间无连接；(5-16)式和(5-17)式保证了每一运输车辆的行驶源于一个仓库且只能有一个起点；(5-18)式至(5-22)式是对三个决策向量的界定，并保证为整数；(5-23)式至(5-25)式保证决策变量为整数。

5.6 本章小结

传统的 LRP 模型所基于的物流网路是单级，而且所研究的问题主要是集中在某个单一问题的研究上，如随机的、有时间约束的，等等，而在实际生产和生活中，线路受损、线路的维护、天气条件或者负载情况等原因，使得我们不能将路径上的权值即每条弧的长度、费用或者运输时间看作确定的值。但是，有时我们能够获得历史数据，从这些历史数据中我们能够获得这些权值的分布，在这种情况下，经常把弧上的权值看作随机变量，并且利用概率论理论的知识来研究。然而，有些时候很难获得历史数据或者历史数据不可靠时，没办法获得这些权值的分布，只能由专家根据自己的经验主观地给出，这时模糊集理论能够很好地处理这种情况。因此，本章在分析组合优化问题、模糊集理论和 LRP 相关问题的基础上，给出了模糊环境下的带时间窗约束的多仓库有容量限制的 LRP 问题的数学模型，模型的目标成本函数考虑了如下费用：工厂和仓库的固定费用，从工厂到仓库和从仓库到顾客的运输成本，车辆分派成本以及仓库库存成本，并给出了一系列约束条件。

第6章 集成物流管理系统的选址——路径问题的禁忌搜索——遗传混合算法

在前面我们介绍了 LRP 问题属于 NP-hard 问题，问题规模大，因此考虑采用启发式算法求解。近年来对 LRP 问题的研究逐渐受到重视，特别是随着智能优化算法在优化领域的成功，越来越多的学者应用智能优化算法求解 LRP 问题。他们多采用早期学者介绍的 LRP 求解算法中的两阶段启发式算法进行求解，将 LRP 分解为定位—配给问题(LAP)和车辆路线安排问题(VRP)，将 LAP 问题的输出作为 VRP 问题的输入求得[82,100,101,104-105,116-117,120,128-137]。本书则在前人对求解 LRP 算法研究的基础上，提出了将 LRP 问题分解为两个子问题分别求解，即 LAP 和 VRP。这两个子问题可以同时利用启发式算法进行求解，两阶段相互协调计算，即在 LAP 阶段使用禁忌搜索算法求得一个较好的设施位置后，便转向运输路线安排阶段，并采用遗传算法获得一个与已得到的设施位置相对应的优化运输路线，这两阶段反复、连续运算，直到满足预先设置的终止条件。

6.1 求解 LRP 的思想

为了有效求解有时间窗约束的多仓库有容量限制的 LRP 问题，本书设计了基于禁忌搜索和遗传算法的两阶段混合启发式算法，并根据问题的不同决策变量，分解为 LAP 和 VRP 两个子问题分别求解。由于仅仅有一些路段会随着仓库位置的改变而发生变化，因此，可以将搜索限制在这些路段内。车辆路径优化阶段实际上是局部搜索，而不是移动所有线路的全局搜索。这就会消除很多不必要

的计算,并允许两阶段算法在合理的计算时间内求得较优解。具体步骤如下:

(1)初始化

禁忌搜索算法都是以初始解开始的,在进行计算之前需要先计算初始解。由于禁忌搜索算法对初始解的依赖性较强,一个较好的初始解可使禁忌搜索在解空间中搜索到更好的解,而一个较差的初始解则会降低搜索的收敛速度和搜索质量。为此,我们使用其他启发式算法来获得一个较好的初始解,提高算法的性能。

(2)定位—分配阶段

初始解确定了所选的仓库节点以及每个仓库节点所服务的客户,采用禁忌搜索算法改进初始解,得到一个当前较好解。

(3)车辆路线安排阶段

基于第一阶段求解的设施定位及客户分配,在算法的第二阶段使用遗传算法求解 VRP,通过迭代循环实现算法中两阶段搜索的协调,直到满足预先设置的终止条件。

其算法流程如图 6-1 所示。

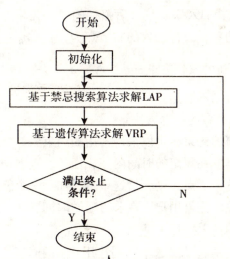

图 6-1 集成物流管理系统的选址—路径问题算法流程图

6.2 约束条件处理方法

在 5.1.4 节中我们介绍了求解组合优化问题时处理约束条件的方法,在本节,根据我们所研究的集成物流管理系统的选址—路径问题的特点,在构造启发式算法之前,需要确定该问题约束条件的处理方法。分析第 5 章我们所建立的有时间窗约束的多仓库有容量限制的 LRP 的数学模型,我们得知有时间窗约束的多仓库的有容量限制的 LRP 最重要的约束处理包括容量约束处理和时间窗约束处理。

(1) 容量约束的处理方法

本书所研究的 LRP 的数学模型中的容量约束是要求满足车辆最大容量约束和仓库最大容量约束。对于车辆容量约束,这里我们假设当前路径为 $R = (v_1, v_2, \cdots, v_n)$,其对应的节点集合为 V_R;d_i 表示节点 i 的需求量;Q 为车辆容积。

步骤 1:计算当前路径的累积需求量 sum,$\text{sum} = \sum_{i=1}^{n} d_i$。

步骤 2:计算加入新的节点后路径的累积需求量 sum^*,判断是否满足容积约束;设待加入的新节点为 $j, j \notin V_R$;则当新的节点 j 加入路径 R 后新的累积需求 $\text{sum}^* = \sum_{i=1}^{n} d_i + d_j$,若 $\text{sum}^* \leq Q$ 则满足容积约束,否则不满足。

(2) 时间窗约束的处理方法

对于时间窗的约束,可以采用常用的约束条件处理方法:惩罚函数法。如果车辆在规定的时间内完成任务,则不加惩罚;如果在时间窗之外到达送货点,则会给这条路径加上一个惩罚值,使它具有较小的适应性。假设用户 i 要求的配送时间在 $[a_i, b_i]$ 范围内,如果配送车辆到达 i 的时间早于 a_i 或者晚于 b_i,则配送车辆要付出一定的惩罚费用。设配送车辆到达用户 i 的时间为 R_i,则惩罚费用为:$P_i = \alpha \times \max(a_i - R_i, 0) + \beta \times \max(R_i - b_i, 0)$,$P_i$ 为惩罚费用,α 与 β 为早到和晚到的惩罚系数。

6.3 模糊变量的估算

在我们的模型中,约束中含有模糊参数(车辆运输时间)。由于计算的复杂性,我们设计了模糊模拟来估计我们提到的可信任函数 $C = Cr(f(x, y, z)(T)) \in [a, b]$。模糊模拟是一种从模拟系统模型中抽样的技术,可以用来估算模糊函数。具体模拟过程如下:

为了方便起见,我们设 $T = \{T_{ij}, i, j = 0, 1, 2, \cdots, n\}$,其中 T_{ij} 为节点 i 到节点 j 之间的车辆运输时间。记 μ 为模糊变量 T 的隶属函数,μ_{ij} 为模糊变量 T_{ij} 的隶属函数。为了模拟结果,会从模糊变量 T_{ij} 的 ε -水平集中随机产生一系列 T_{ij}^l,其中 l 为迭代次数或生成次数,ε 为足够小的正数,$l = 1, 2, \cdots, N$,N 为足够大的数。设 $T^l = \{T_{ij}^l, i, j = 0, 1, \cdots, n\}$,$\mu(T^l) = \mu_{11}(T_{11}^l) \wedge \mu_{12}(T_{12}^l) \wedge \cdots \wedge \mu_{(n-1)n}(T_{(n-1)n}^l) \wedge \mu_{nn}(T_{nn}^l)$。

根据可信性的概念,可信性测度可以由下式近似地获得:

$$C(|a, b|) = \frac{1}{2}(\max_{1 \leq l \leq N}\{\mu(T^l) \mid f(x, y, t)(T^l) \in [a, b]\} + \min_{1 \leq l \leq N}\{1 - \mu(T^l) \mid f(x, y, t)(T^l) \notin [a, b]\})$$

(6-1)

6.4 求解 LAP 问题的禁忌搜索算法

根据 2.1 节对 LAP 的介绍,可知 LAP 是组合优化中典型的 NP-hard 问题,用一般的精确算法求解较难,因此,本书采用求解组合优化问题的智能优化算法中的禁忌搜索算法,它同时拥有高效性和鲁棒性。禁忌搜索是一种全局逐步寻优的人工智能算法,它常能有效地应用于一些典型的 NP-hard 问题,如 TSP。

6.4.1 禁忌搜索算法的原理

禁忌搜索算法(Tabu Search, TS)是解决组合优化问题的一种启发式方法。早在 1977 年,Golver 就提出了禁忌搜索算法,并用来求解整数规划问题,随后又用禁忌搜索算法求解了典型的优化问题——旅行商问题(TSP)。它是对局部领域搜索的一种扩展,是一种全局逐步寻优算法[171][174]。禁忌搜索算法是人类智力过程的一种模拟。禁忌搜索算法通过引入一个灵活的存储结构和相应的禁忌准则来避免迂回搜索,并通过藐视准则来赦免一些被禁忌的优良状态,进而保证了多样化的有效搜索以帮助算法摆脱局部最优解,最终实现全局最优。

用禁忌搜索算法求解组合优化问题时,其实现的基本步骤如下:

第一步:初始化。给出初始解,将禁忌表设为空。

第二步:判断是否满足停止条件。如果满足,则输出结果,算法停止;否则继续以下步骤。

第三步:对于候选解集中的最好解,判断其是否满足渴望水平。如果满足,则更新渴望水平,更新当前解,转至第五步;否则继续以下步骤。

第四步:选择候选解集中不被禁忌(不对应于禁忌表中的一个对象)的最好解作为当前解。

第五步:更新禁忌表。

第六步:转第二步。

当然,这样的步骤不能概括禁忌搜索算法的各种情况,要根据问题的具体情况,给出更为具体的求解步骤。

6.4.2 禁忌搜索算法的构成要素

禁忌搜索算法中很多构成要素对搜索的速度与质量至关重要,需要对其进行合理的确定。下面简单地介绍这些构成要素:

1. 编码方法

使用禁忌搜索算法求解一个问题之前,需要选择一种编码方法。编码就是将实际问题的解用一种便于算法操作的形式来描述,通常采用数学的形式;算法进行过程中或者算法结束之后,还需要通过编码来还原到实际问题的解。根据问题的具体情况,可以灵活地选择编码方式。例如,对于背包问题,可以采用0—1编码,编码的某一位为 0 表示不选择这件物品，为 1 表示选择这件物品。对于实际优化问题，一般可以直接使用实数编码，编码的每一位就是解的相应维的取值。

2. 初始解和适值函数的构造

禁忌搜索算法可以随机给出初始解，也可以事先使用其他启发式算法得到一个较好的初始解。由于禁忌搜索算法主要是基于邻域搜索的，所以它对初始解有很高的要求，较好的初始解可帮助搜索到较好的解，而较差的初始解则可能会降低禁忌搜索算法的收敛速度。因此，我们在求解一些具体问题时，可以针对特定的复杂约束，采用其他精确方法或启发式方法生成质量比较高的初始解，然后再用禁忌搜索算法进行改进，这样可以提高搜索的质量和效率。

与遗传算法相似的是，禁忌搜索算法的适值函数也是用来对搜索状态进行评价的。目前，将目标函数直接作为适值函数是比较常用而且合适的。当然，也可以对目标函数做一些变形，然后作为适值函数。假如目标函数的计算比较复杂而且计算时间长，我们就可以采用反映问题目标的某些特征值来作为适值函数，这样可以改善算法的时间性能。此外，选取何种特征值要根据具体问题而定，但是必须要保证特征值的最佳性与目标函数的最优性一致。

3. 移动与领域移动

移动是从当前解产生新解的途径，例如某优化问题：$\min c(x): x \in X \subset R^n$ 中用移动 s 产生新解 $s(x)$。从当前解可以进行的所有移动构成邻域，也可以理解为从当前解经过"一步"可以到达的区域。适当的移动规则的设计，是取得高效的搜索算法的关键。

领域移动的方法很多，目前，常用的方法有互换（Swap）、插入（Insert）、逆序（Inverse）等操作，具体的方法需要根据特定的问题来设计。

4. 禁忌表

在禁忌搜索算法中，禁忌表是用来防止搜索过程中出现循环，避免陷入局部最优的。它通常记录最近接受的若干次移动，在一定次数之内禁止再次被访问；过了一定次数之后，这些移动从禁忌表中退出，又可以重新被访问。

禁忌表一般包括禁忌对象和禁忌长度。所谓禁忌对象就是放入禁忌表中的那些元素，而禁忌的目的就是避免迂回搜索，尽量搜索一些有效的途径。可以有多种方式给出禁忌对象，但归纳起来，主要有如下三种：以状态的本身或者状态的变化作为禁忌对象；以状态分量或者状态分量的变化作为禁忌对象；采取类似于等高线的做法，将目标值作为禁忌对象。这三种做法中，第一种做法的禁忌范围适中，第二种做法的禁忌范围较小，第三种做法的禁忌范围较大。如果禁忌范围比较大，则可能陷入局部最优解；反之，则容易陷入循环。实际问题中，要根据问题的规模、禁忌表的长度等具体情况来确定禁忌对象。

所谓禁忌长度就是指禁忌对象在不考虑特赦准则的情况下不允许被选取的最大次数。一方面，禁忌长度可以是常数不变的，或者是设置为与问题规模相关的一个量；另一方面，禁忌长度也可以是动态变化的。例如，可以根据搜索性能和问题特征来设定禁忌长度的变化区间，而禁忌长度是可以按照某种规则或者公式在这个区间内变化，当然，这个变化区间的大小也可以随着搜索性能的变化而变化。

5. 选择策略

选择策略就是从邻域中选择一个比较好的解作为下一次迭代初始解的方法，用公式可以表示为

$$x' = \operatorname*{opt}_{s(x) \in V} s(x) = \arg \left[\operatorname*{max/min}_{s(x) \in V} c'(s(x)) \right] \quad (6\text{-}2)$$

其中，x 为当前解，x' 为选出的邻域最好解，$s(x) \in V$ 为领域解，$c'(s(x))$ 为候选集 $s(x)$ 的适值函数，$V \subseteq S(x)$ 称为候选解集，它是领域的一个子集。要根据问题的性质和适值函数的形式，在候选集中选择一个最好的解。然而，候选集的确定，与上面讨论的禁忌长度的大小相似，对搜索速度与性能影响都很大。候选解集一般为整个邻域，即 $V = S(x)$。这种选择策略就是从整个领域中选择一个最优的解作为下一次迭代的初始解。这种策略择优效果好，相当于选择了最速下降方向，但要扫描整个邻域，计算时间比较长，尤其

对于大规模的问题，这种策略可能让人无法接受。这时候会在部分邻域中选择候选解集，这种策略虽然不一定得到了领域中的最好解，但是节省了大量的时间，可以进行更多次迭代，也可以找到很好的解。

6. 渴望水平

在某些特定的条件下，不管某个移动是否在禁忌表中，都接受这个移动，并更新当前解和历史最优解。这个移动满足的特定条件，称为渴望水平，或称为破禁水平、特赦准则、蔑视准则等。特赦准则的常用方式有：(1)基于适配值的原则。如果某个候选解的适配值优于历史最优值，也称为"Best so Far"状态，那么无论这个候选集是否处于被禁忌状态，都会被接受。(2)基于搜索方向的准则。如果禁忌对象在被禁忌时，使候选集的适配值有所改善，并且目前该禁忌对象对应的候选解的适配值优于当前解，则对该禁忌对象解禁。(3)基于影响力的准则。在搜索过程中不同对象的变化对适配值的影响是有所不同的，而且这种影响力可以作为一种属性与禁忌长度和适配值来共同构造特赦准则。

7. 停止准则

和其他启发式算法一样，禁忌搜索算法不能保证找到问题的全局最优解，而且没有判断是否找到全局最优解的准则。因此，必须另外给出停止准则来停止搜索，常用的包括如下几种。

(1)给定最大迭代步数。这个方法简单、易操作，在实际中应用最为广泛。

(2)得到满意解。如果事先知道问题的最优解，而算法已经达到最优解，或者与最优解的偏差达到满意的程度，则停止算法。这种情况常应用于算法效果的验证，因为只有这个时候问题的最优解才可能是事先知道的。或者在实际应用中，用其他估界算法已经估算出问题的上界(目标函数是最大化)或者下界(目标函数是最小化)，如果搜索得到的历史最优解与这些"界"的偏差满足要求，停止算法，其实这也是得到了满意解。

(3)设定某对象的最大禁忌频率。如果某对象的禁忌频率达到了事先给出的阈值，或者历史最优值连续若干步迭代得不到改善，则算法停止。

6.4.3 基于禁忌搜索算法求解 LAP 的具体实现

6.4.3.1 算法策略的确定

根据 6.4.2 节中对禁忌搜索算法的构成要素的介绍，本书在构造求解 LAP 的禁忌搜索算法时，采用了以下算法策略。

(1) 解的表示方法(编码)

本书直接使用实数编码，采用客户与设施共同排列的表示方法。设施用 1，2，…，L 表示，客户用 $L+1$，$L+2$，…，$L+k$ 表示。例如，对于一个有 3 个潜在候选设施和 7 个客户的问题，则可以用 1，2，3，4，5，6，7，8，9，10 这 10 个自然数编码(其中，1，2，3 表示潜在设施)。

(2) 生成初始解的方法

本书采用贪婪取走启发式算法(Greedy-Drop Heuristic Algorithm)获得初始解。其基本思想是从所有候选选址点中，逐个将对目标函数影响最小的选址点去掉直到剩余的选址点只剩下 m 个。

算法的基本步骤如下：

第一步：初始化，令循环变量 $k=n$，将所有潜在仓库全部选中，按照运输成本最低的原则将客户需求点指派到相应的仓库。

第二步：选择取走一个仓库，满足以下条件：假如取走它并将客户重新指派后，总费用增加量最小。然后令 $k=k-1$。

第三步：重复第二步，直到 $k=p$。p 为给定的可建立的设施的个数。

贪婪取走算法不一定能得到问题的最优解，但是当数据量很大时计算速度比较快。

(3) 解的评价方法

在用禁忌搜索算法求解 LAP 时，需要对解进行评价，以比较解的优劣，使算法在迭代过程中，不断搜索得到质量更优的解，并最终得到问题的最优解或近似最优解。根据 2.1 节所介绍的 LAP 的数学模型，对于某个解要判定其优劣，首先要得到该解所对应的方案，然后要判断该方案是否满足问题的约束条件，同时计算该方案的目标函数值，在满足问题的约束条件的前提下，其目标函数值越优，则方案越优，解的质量越高。根据 LAP 的特点，采用客户与设施共同排列的解的表示方法对解进行评价，该种方法生成的解所确定的方案，隐含能够保证每个客户都得到服务及每个客户仅由一台车辆配送的约束条件，但不能保证满足每条路线上的各客户需求之和不能够超过车辆的最大载重量的约束条件。为此，对某个解所对应的方案确定设施位置后，采用就近原则将客户分配给已开放的仓库，然后要对各条路径逐一进行判断，看其是否满足约束条件，若不满足，则将该方案定为不可行解，最后还要计算出该解对应的目标函数值。对于某个解，设其对应的方案的不可行数为 M （$M=0$，表示该解为一个可行解），该方案的目标函数值为 Z，并设对每个不可行方案的惩罚权重为 P_w（该权重可根据目标函数的取值范围取一个相对较大的正数），则该解的评价值为 E（E 值越小，表示解的质量越高）。这种解的评价方案，体现了用罚函数法处理约束条件的思想。

$$E = Z + M \times P_w \tag{6-3}$$

（4）邻域操作策略

对仓库采用两两交换法（2-Swap）实施邻域操作，即随机选取一个被选仓库和一个未被选仓库进行交换。设 S 为初始的选址点集，$N-S$ 为未选点集，则让 S 与 $N-S$ 交换一个点所能产生的所有 S^* 的集合，即为我们的邻域。例如，对于一个潜在候选设施 $n=4$，要从中选取 $p=2$ 个设施的问题，初始解为（1，2），则它的邻域包含以下解：（1，3）、（1，4）、（2，3）、（2，4）。我们可以计算，2-Swap 产生的邻域有 $p(n-p)$ 个解集。

（5）禁忌对象的确定

禁忌搜索算法利用标记已得到的局部最优解，让它在一定的迭代步数内禁忌与之相关的解状态，以跳出局部最优解。当解从 S 转

变成 S^* 时,我们设定从 S 中换出去的点为禁忌对象。如,若解从 $(1,2)$ 转变成 $(1,3)$,则点 2 为禁忌对象,这样,点 2 在禁忌长度的步骤内将不能被选取(除非被特赦)。

(6)禁忌长度的确定:根据问题的规模取一个常数。

(7)候选集合的确定:从当前解的邻域中随机选择若干个邻居。

(8)特赦规则:当出现迄今为止最好的解时特赦相应的禁忌点。

(9)终止准则:采用迭代指定步数的终止准则。

6.4.3.2 算法流程

设定 N 为网络中所有 n 个潜在候选仓库节点的集合,S 为所选点集,$N(S)=\{S^1,S^2,\cdots,S^{p(n-p)}\}$ 为与之相对应的邻域,p 为给定的选址数量。最后我们令 tabu_tag(i) 表示节点 i 所处的禁忌状态,如 tabu_tag(i)=t 表示节点 i 在接下去的 t 步内将处于禁忌状态。

第一阶段:采用贪婪取走启发式算法获得初始解。

第二阶段:禁忌搜索改进算法。

(1)输入算法的运行参数,包括终止迭代步数 T,每次迭代搜索当前解的邻居的个数 M,禁忌长度 l,对不可行方案的惩罚函数 P_w 等;初始化迭代步数、禁忌状态和禁忌表,令 $t=0$,tabu_tag(i)=0,$H=\varnothing$;确定当前最好解 S^0,令 $S^0=S$,利用解的评价方法计算 S 的评价值 E。

(2)对当前最好解 S 用两两交换法(2-Swap)实施邻域操作,如果两个交换的点不是禁忌表 H 中的元素,则得到 S 的一个邻域 S^*,利用解的评价方法计算解 S^* 的评价值 E^*,然后采用蚁群算法求解路径安排问题,更新禁忌表。

(3)判断是否满足终止迭代步数 T。如果满足,输出结果,算法停止。否则继续步骤二。

其算法流程如图 6-2 所示。

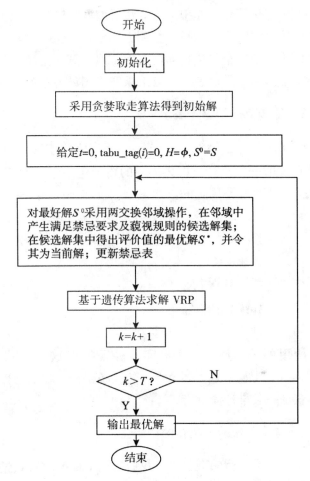

图 6-2 禁忌搜索算法求解 LAP 流程图

6.5 求解 VRP 问题的遗传算法

基于 6.4 节用禁忌搜索算法求解的 LAP 的仓库节点的位置及数量，将各个客户分配到距离其最近的已选仓库，从而得到各设施所服务的客户集。然后对于每个客户集合，采用启发式算法求解有时间窗约束的随机 VRP 问题。目前提出的用于求解 VRP 的启发式算法很多，如遗传算法、模拟退火算法、蚁群算法等，通过分析我们发现，遗传算法[171]是一种通过模拟自然进化过程搜索最优解的方法。在解决复杂的全局优化问题方面，遗传算法已经得到了成功的应用。本书提出了采用遗传算法来求解模糊环境下的 VRP 问题。

6.5.1 遗传算法的遗传表示

我们利用向量 $P = (v_1, v_2, \cdots, v_k)$ 作为染色体表示图中从节点 1 到节点 n 的一条路径。因为不同的路径包括不同的节点和弧，所以染色体的长度是不固定的。如果 $(v_1, v_2, \cdots, v_k)$ 表示从节点 1 到节点 n 的路径，则有 $(1, v_1) \in A$，$(v_1, v_2) \in A$，$\cdots$，$(v_{k-1}, v_k) \in A$，$(v_k, n) \in A$。我们给出下面的定义：

$$x_{ij} = \begin{cases} 1, & \text{如果 } i = 1, j = v_1 \\ 1, & \text{如果存在 } l \text{ 使得 } i = v_l, j = v_{l+1} \\ 1, & \text{如果 } i = v_k, j = n \\ 0, & \text{其他} \end{cases}$$

对于所用的 $(i, j) \in A$。很容易验证按照这种方式获得的 $\{x_{ij}(i, j) \in A\}$ 为从节点 1 到节点 n 的一条路径，我们可以按照下面的过程获得一条染色体。

6.5.2 遗传算法的染色体的初始化

为了获得一条可行的染色体，我们采用下面的启发式过程：

第一步：设 $l = 0$，$v_0 = 1$。
第二步：随机产生 m 使得 $(v_l, m) \in A$。
第三步：$l \leftarrow l + 1$，$v_l = m$。
第四步：重复步骤 2 和步骤 3 直到 $v_l = n$。
第五步：获得一条染色体 $(v_1, v_2, \cdots, v_{l-1})$。

6.5.3 遗传算法的遗传算子

在遗传算法中，遗传算子模拟生物的遗传过程产生新的后代，在遗传算法中起着重要的作用。在我们的算法中，交叉算子、变异操作以及选择过程设计如下。

6.5.3.1 染色体的交叉

设 $P_1 = (v_1, v_2, \cdots, v_k)$，$P_2 = (v'_1, v'_2, \cdots, v'_{k'})$ 为两条染色体。我们针对这两条染色体设计如下的交叉过程：如果在两条染色体中有共同的节点，则随机选择一个，譬如 $v_i = v_{i'}$。则我们可以得到两条新的染色体：$(v_1, v_2, \cdots, v_i, v'_{i'}, \cdots, v'_{k'})$，$(v'_1, v'_2, \cdots, v'_{i'}, v_{i+1}, \cdots, v_k)$。显然这两条新的染色体也是从节点 1 到节点 n 的一条可行路径。如果两条染色体没有共同的节点，则不进行交叉。

6.5.3.2 染色体变异

设 $P = (v_1, v_2, \cdots, v_k)$ 为一条染色体，我们设计如下的变异操作过程。从 $\{1, 2, \cdots, k\}$ 中随机地产生一个整数，记为 i。我们利用染色体初始化的方法从节点 v_i 到 n 产生一条路径 $(v'_{i+1}, \cdots, v'_{k'})$，则可产生一条新的染色体 $(v_1, v_2, \cdots, v_i, v'_{i+1}, \cdots, v'_{k'})$。

6.5.3.3 选择过程

我们利用轮盘赌选择方法来选择染色体。每次选择一条染色体，直到获得 pop_ size 条染色体为止。

6.5.4 混合智能算法

我们将 6.3 节提出的模糊变量估算的方法模糊模拟和遗传算法相结合设计了混合智能算法，过程如下：

第一步：随机产生 pop_ size 条染色体 P_k，$k = 1, 2, \cdots$, pop_ size。

第二步：利用我们在 6.3 节所设计的模糊模拟对每一条染色体计算其目标函数值。

第三步：计算每一条染色体适应值。利用基于序的评价函数为：

$$\mathrm{Eval}(P_i) = a(1-a)^{i-1}, \quad i = 1, 2, \cdots, \text{pop\_ size}$$

其中，假设染色体已经根据它们的目标函数值从好到坏排列好，$a \in (0, 1)$ 为遗传算法中的参数。

第四步：选择染色体。

第五步：利用上面提到的交叉和变异操作更新染色体 P_k，$k = 1, 2, \cdots, \text{pop\_size}$。

第六步：重复步骤2到步骤5直到满足约束条件。

第七步：返回最好的染色体 $P^* = (v_1, v_2, \cdots, v_k)$。

6.6 算例分析

设计一个基本算例，假设某二级结构物流网络中，有1个工厂，6个潜在仓库，30个客户需求点，工厂 P 的坐标位置为(42, 195)，工厂 P 的固定费用为9500元，工厂 P 到仓库 D_i 之间的单位运输费用如表6-1所示，潜在仓库和客户需求点的位置坐标 (x, y) 在 200×200 的范围内随机分布。其随机分布图见图6-3，潜在仓库的坐标位置、固定费用及最大容量如表6-2所示，客户的需求量及时间窗约束如表6-3所示。潜在仓库之间以及与客户需求点之间的距离如表6-4所示。客户与客户之间的距离见附件1。潜在仓库到各客户需求点以及各客户需求点之间的单位距离运输费用为1元，

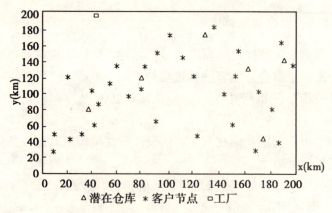

图6-3　潜在仓库和客户的位置分布图

车辆的额定载重量为 10 吨,车辆平均行驶速度为 70km/h,使用车辆的固定成本为 600 元,货物的单位成本为 0.25 元,固定订购成本为 20 元,h_i 为 24%。

表 6-1　　　　　工厂 P 到仓库 D_i 之间的单位
　　　　　　　　　运输费用　　　　　　　单位：元/千克

仓库	D_1	D_2	D_3	D_4	D_5	D_6
工厂 P	7	6	8	4	3	5

表 6-2　　潜在仓库的坐标位置、固定费用及最大容量

仓库	D_1	D_2	D_3	D_4	D_5	D_6
横坐标 x	36	78	129	162	174	191
纵坐标 y	79	118	171	129	43	140
固定费用/元	7500	7000	7000	7500	7000	7500
最大容量/箱	900	1000	1770	1200	1500	700

表 6-3　　客户需求点的坐标位置、需求量及时间窗约束

客户编号	坐标	需求量/箱	时间窗 $[a_v, b_v]$ (单位：时刻)
C_1	(8, 27)	140	[145, 175]
C_2	(10, 49)	200	[141, 171]
C_3	(20, 119)	160	[35, 65]
C_4	(22, 43)	100	[109, 139]
C_5	(31, 50)	200	[72, 102]
C_6	(39, 102)	135	[41, 71]
C_7	(41, 61)	60	[64, 94]
C_8	(44, 61)	200	[0, 230]
C_9	(53, 111)	165	[52, 82]

续表

客户编号	坐标	需求量/箱	时间窗 $[a_v, b_v]$（单位：时刻）
C_{10}	(58, 132)	160	[11, 41]
C_{11}	(68, 95)	140	[70, 100]
C_{12}	(77, 104)	100	[92, 122]
C_{13}	(80, 131)	200	[91, 121]
C_{14}	(90, 65)	80	[95, 125]
C_{15}	(90, 148)	60	[119, 149]
C_{16}	(100, 170)	165	[154, 184]
C_{17}	(111, 143)	100	[83, 113]
C_{18}	(120, 120)	200	[79, 109]
C_{19}	(122, 47)	90	[131, 161]
C_{20}	(135, 180)	60	[37, 67]
C_{21}	(143, 99)	135	[180, 210]
C_{22}	(150, 61)	90	[67, 97]
C_{23}	(152, 119)	200	[124, 154]
C_{24}	(154, 151)	120	[59, 89]
C_{25}	(168, 29)	80	[168, 198]
C_{26}	(171, 101)	60	[31, 61]
C_{27}	(181, 79)	100	[50, 80]
C_{28}	(186, 39)	90	[23, 53]
C_{29}	(189, 161)	200	[115, 145]
C_{30}	(199, 133)	100	[77, 107]

潜在仓库和客户需求节点之间的距离可以通过下面的公式计算：

$$Dis = \sqrt{(x_j - x_i)^2 + (y_j - y_i)^2} \tag{6-4}$$

表6-4　潜在仓库之间以及与客户需求点之间的距离　　单位：公里

潜在仓库	潜在仓库						客户需求点					
	D_1	D_2	D_3	D_4	D_5	D_6	C_1	C_2	C_3	C_4	C_5	C_6
D_1	0	58	131	136	143	160	59	40	43	38	29	23
D_2	58	0	74	85	122	137	115	97	58	94	83	42
D_3	131	74	0	53	136	108	188	170	121	167	156	113
D_4	136	85	53	0	87	94	185	172	142	164	153	126
D_5	143	122	136	87	0	17	167	164	172	152	144	147
D_6	160	137	108	94	17	0	215	203	172	195	184	157

潜在仓库	客户需求点											
	C_7	C_8	C_9	C_{10}	C_{11}	C_{12}	C_{13}	C_{14}	C_{15}	C_{16}	C_{17}	C_{18}
D_1	19	20	36	57	36	48	68	56	88	111	99	93
D_2	68	66	26	24	25	14	13	54	32	56	41	42
D_3	141	139	97	81	97	85	63	113	45	29	33	52
D_4	139	136	110	104	100	89	82	96	74	74	53	43
D_5	134	131	139	146	118	115	129	87	134	147	118	94
D_6	170	167	141	133	131	120	111	126	101	96	80	74

潜在仓库	客户需求点											
	C_{19}	C_{20}	C_{21}	C_{22}	C_{23}	C_{24}	C_{25}	C_{26}	C_{27}	C_{28}	C_{29}	C_{30}
D_1	98	141	109	115	123	138	141	137	145	153	174	172
D_2	84	85	68	92	74	83	127	95	110	134	119	122
D_3	124	11	73	112	57	32	147	82	106	144	61	80
D_4	91	58	36	69	14	23	100	29	53	93	42	37
D_5	52	142	64	30	79	110	15	58	37	13	119	93
D_6	116	69	63	89	44	39	113	44	62	101	21	19

在此，我们采用本章提出的两阶段禁忌搜索—遗传混合算法对该算例进行求解，参数设置如下：

(1) 禁忌搜索的交换操作的最大次数为 9；
(2) 禁忌表长度为 9；
(3) 禁忌搜索的最大迭代次数为 50 次；
(4) pop_size 为 30；
(5) 种群大小为 800；
(6) 交叉概率为 0.2；
(7) 变异概率为 0.2；
(8) 基于序的评价函数中的参数 a 为 0.05；
(9) 置信水平 α 为 0.9。

仿真计算，使用 MATLAB7.0 编程实现，经过计算后，得到目标函数的最优解为 43088.77 元。其设施选址与车辆路径安排如图 6-4 所示，算法的平均解随迭代次数变化的趋势如图 6-5 所示，算法的最优解随迭代次数的变化趋势如图 6-6 所示。

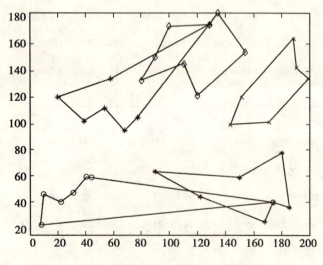

图 6-4 物流选址—路径运行路线图

第6章 集成物流管理系统的选址—路径问题的禁忌搜索—遗传混合算法

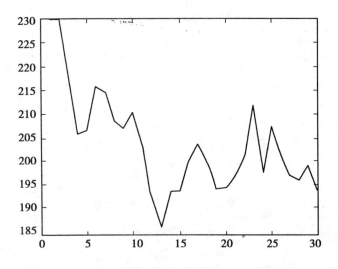

图 6-5 平均解随迭代次数的变化趋势

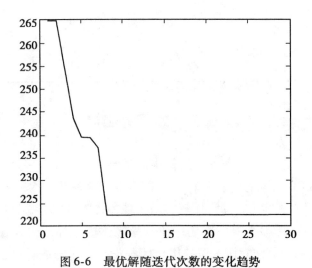

图 6-6 最优解随迭代次数的变化趋势

经过计算，选定的仓库和仓库所服务的客户见表 6-5，最优运输路线见表 6-6。

135

表 6-5　　　　　　　　设施选址阶段(LAP)的解

选定的仓库	仓库所服务的客户
D_3	C_3, C_6, C_9, C_{10}, C_{11}, C_{12}, C_{13}, C_{15}, C_{16}, C_{17}, C_{18}, C_{20}, C_{24}
D_5	C_1, C_2, C_4, C_5, C_7, C_8, C_{14}, C_{19}, C_{22}, C_{25}, C_{27}, C_{28}
D_6	C_{21}, C_{23}, C_{26}, C_{29}, C_{30}

表 6-6　　　　　　　运输路线优化阶段(VRP)的解

所选定的仓库	优化后的运输路线	所需的车辆数
D_3	$C_{10} - C_3 - C_6 - C_9 - C_{11} - C_{12} - D_3$ $C_{20} - C_{24} - C_{18} - C_{17} - C_{13} - C_{15} - C_{16} - D_3$	2 辆
D_5	$C_8 - C_7 - C_5 - C_4 - C_2 - C_1 - D_5$ $C_{28} - C_{27} - C_{22} - C_{14} - C_{19} - C_{25} - D_5$	2 辆
D_6	$C_{29} - C_{23} - C_{21} - C_{26} - C_{30} - D_6$	1 辆

6.7　本章小结

本章给出了求解第 5 章所提出的带时间窗约束的多仓库有容量限制的 LRP 问题的启发式算法。在启发式算法中，禁忌搜索算法具有全局寻优能力，而且比较容易实现，自 20 世纪 90 年代就引起了广泛的重视。遗传算法是一种全局优化概率算法，具有以下优点：(1)遗传算法对所求解的优化问题没有太多的数学要求，由于它的进化特性，搜索过程中不需要问题的内在性质，对于任意形式的目标函数和约束，无论是线性的还是非线性的，离散的还是连续的都可处理。(2)进化算子的各态历经性使得遗传算法能够非常有效地进行概率意义的全局搜索。(3)遗传算法对于各种特殊问题可以提供极大的灵活性来混合构造邻域独立的启发式，从而保证算法的有效性。因此，本章就采用两阶段禁忌搜索—遗传混合算法对 LRP 问题进行求解。禁忌搜索—遗传混合算法可以在一定程度上克服单一启发式算法在局部搜索能力方面的不足，从而能得到比其他启发式算法更好的计算结果。本书将 LRP 问题分解成两个子问题分别求解，即选址定位问题和运输路线安排问题，在定位阶段使用禁忌搜索算法得到一个好的设施选址结构后，便转向运输路线安排阶段，并使用遗传算法获得了一个与已得到的选址结构相对应的优化运输路线，这两个阶段反复、连续运算，直到满足预先设置的终止条件。最后，给出了算例，证明所提出的数学模型和算法的有效性和可行性。

第7章 城市危险废弃物逆向物流选址—路径问题（HWLRP）的研究

从第3章可知我国城市工业危险废弃物产生量和处理量仍将随着经济的快速增长而大量增加，应该引起国家有关部门的关注。自从环境问题被看作工业社会所面临的主要问题后，危险废弃物物流设施的选址和车辆路线的安排问题就成为研究的焦点[140,142,143-152,157]。随着工业化进程的加快，危险废弃物物流设施的选择已经成为影响人类生存的重要因素。更重要的是，这些潜在危险设施的定位通常也决定着危险废弃物运输的起点或终点，因此，会影响其运输决策。设施的定位和运输路线的安排在危险废弃物物流管理系统中是相互影响、相互联系的，它们之间存在效益悖反关系。危险废弃物逆向物流选址—路径问题与一般货物的选址—路径问题的区别在于危险废弃物的回收以及与危险废弃物相关的风险，而对危险废弃物物流的运输和设施风险评价我们已在第4章做了重点的介绍。现有的相关研究文献，大多以成本最小化和风险最小化作为目标，有些还考虑了风险公平性的最大化。从现存的模型中可以看出，没有一个模型综合考虑了以下所有的因素：(1)成本最小化；(2)风险最小化；(3)风险公平性最大化；(4)废弃物与废弃物之间以及废弃物与处理技术之间的相容性；(5)废弃物处置设施产生的废弃物残渣的相关问题；(6)废弃物的可回收利用问题。所以，本书在安全和经济的情况下，综合考虑了以上现实因素，采用最优化理论，建立城市危险废弃物逆向物流选址—路径问题的数学模型，进行危险废弃物系统管理优化，以达到危险废弃物系统管理的费用和环境影响最小的目的。

第7章 城市危险废弃物逆向物流选址—路径问题（HWLRP）的研究

由于在危险废弃物逆向物流选址—路径优化时涉及很多目标，它们之间常常不一致，甚至有冲突的，因此，在危险废弃物逆向物流选址—路径优化时应综合考虑各目标的要求，属于多目标规划问题。所以，我们在本章首先介绍了多目标规划问题的相关理论，在此基础上，建立模糊环境下的有容量限制危险废弃物逆向物流选址—路径问题的数学模型，然后给出了算例，并采用第6章所提出的两阶段禁忌搜索—遗传混合算法对其进行运行和分析。

7.1 多目标规划问题

在实际问题中，可能会同时考虑几个方面都达到最优：成本最低，利润最大，环境达标，等等。多目标规划能很好地统筹处理多种目标的关系，得到更切合实际要求的解。多目标规划[154]的概念是1961年由美国数学家查尔斯和库柏首先提出的。

7.1.1 多目标规划的数学模型

任何一个多目标规划问题，都是由两个基本的部分组成：
(1) 两个以上的目标函数；
(2) 若干个约束条件。

对于多目标规划问题，可以将其数学模型一般地描写为如下的形式：

$$V - \min_{x \in R^n} \{f_1(X), f_2(X), \cdots, f_p(X)\} \\ s.t \begin{cases} g_j(X) \leq 0 & j = 1, 2, \cdots, m \\ h_k(X) = 0 & k = 1, 2, \cdots, l \end{cases} \quad (7\text{-}1)$$

函数 f_i, g_j, h_k 满足 $f_i: R^n \to R$, $g_j: R^n \to R$, $h_k: R^n \to R$, $p \geq 2$。

求目标函数的最大值或约束条件为大于等于零的情况，都可以通过取其相反数得到。

7.1.2 多目标规划解的定义

对于多目标规划，解的定义是一个非常重要的问题。林锉云和董加礼在其书中[175]中给出了多目标规划的基本定义和定理：

定义 7.1：（绝对最优解）设 $x^* \in R$，如果对任意的 $x \in R$，均有 $f(x^*) \leqslant f(x)$，即有 $f_i(x) \geqslant f_i(x^*)$，$i=1, 2, \cdots, p$，则说 x^* 是 (V) 的绝对最优解，其全体记为 R_{ab}。

定义 7.2：（有效解，也称 Pareto 最优解）设 $x^* \in R$，如果不存在 $x \in R$，使得 $f(x^*) \leqslant f(x)$，则说 x^* 是 (V) 的有效解，也叫 Pareto 最优解，其全体记为 R_{pa}。

定义 7.3：（弱有效解）设 $x^* \in R$，如果不存在 $x \in R$，使得 $f(x^*) < f(x)$，则说 x^* 是 (V) 的弱有效解，其全体记为 R_{wp}。

定理 7.1：对问题 (V)，$R_{ab} \subset R_{pa} \subset R_{wp} \subset R$。

定理 7.2：(1) 若 $R_{ab} \neq \varnothing$，则 $R_{ab} = R_{pa}$。(2) 若 R 为凸集，$f(x)$ 为 R 上的严格凸向量函数，则 $R_{pa} = R_{wp}$。

三个解之间的相互关系如图 7-1 所示。

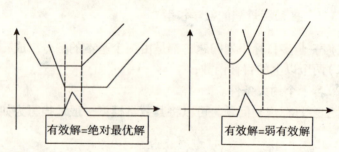

图 7-1 多目标规划的解之间的关系

7.1.3 多目标规划的基本解法

求解多目标规划的基本思想就是将其转换为单目标规划问题，然后再进行求解。常见的多目标规划的解法主要有：

1. 约束法

约束法就是指在多个目标中选定一个主要目标，而对其他目标设定一个期望值，在要求结果不比此期望值坏的情况下，求主要目标的最优解。

这里，我们把满足问题中约束条件的解 $X \in R^n$ 称为可行解（或可行点），所有的可行点的集合称为可行集（或可行域），记为 D，即：

$$D = \{X \mid g_j(X) \leq 0, \ h_k(X) = 0, \ X \in R^n\}$$

原问题可简记为：

$$V - \min_{x \in D} \{f_1(X), f_2(X), \cdots, f_p(X)\} \qquad (7\text{-}2)$$

多目标规划问题通过约束法处理后，其数学模型变为：

$$V - \min_{x \in D} \{f_1(X), f_2(X), \cdots, f_p(X)\}$$
$$\Rightarrow \begin{cases} \min_{x \in D} f_1(X) \\ f_2(X) \leq f_2^0, \cdots, f_p(X) \leq f_p^0 \end{cases} \qquad (7\text{-}3)$$

2. 分层序列法

把多个目标按照其重要程度排序，确定其优先等级，假设优先等级用 p_t 表示，t 值越小优先等级就越高。在求解时，首先求出优先等级为 p_1 的目标的最优解，再在实现此目标的条件下转向处理优先等级为 p_2 的目标，依次类推，直到最后一个目标求解结束，即得到多目标规划的满意解。其数学模型表达形式如下：

$$V - \min_{x \in D} \{f_1(X), f_2(X), \cdots, f_p(X)\}$$
$$\Rightarrow (1): f_1^* = \min_{X \in D} f_1(X)$$
$$(2): f_2^* = \min_{X \in D \wedge \{x \mid f_1(X) \leq f_1^*\}} f_2(X)$$
$$\cdots\cdots$$
$$(3): f_P^* = \min_{X \in D \wedge \{x \mid f_{P-1}(X) \leq f_{P-1}^*\}} f_p(X) \qquad (7\text{-}4)$$

在实用中，为了保证每一个解不为空，常给前面的最优解设定一定的宽容量 $\varepsilon > 0$，得到多目标规划（V）的弱有效解。但这种方法存在一定的缺陷，当前面的问题的最优解唯一时，后面的求解就失去了意义。

3. 功效系数法

对不同类型的目标函数统一量纲，分别得到一个功效系数函数，然后求所有的功效系数乘积的最优解。例如：

$$V - \min_{x \in D} \{f_1(X), f_2(X), \cdots, f_p(X)\} \Rightarrow$$

$$f_{j\min} = \min_{X \in D} f_j(X)$$
$$f_{j\max} = \max_{X \in D} f_j(X) \Rightarrow d_j(X) = \frac{f_{j\max} - f_j(X)}{f_{j\max} - f_{j\min}} \in [0, 1],$$
$$j = 1, 2, \cdots, p$$
$$\Rightarrow \max_{X \in D} \prod_{j=1}^{p} d_j(X) \text{ 或 } \min_{X \in D} \prod_{j=1}^{p} d_j(X) \tag{7-5}$$

4. 评价函数法

这种方法是求解多目标规划的最为常见的方法，就是用一个评价函数来集中反映各不同目标的重要性等因素，并极小化此评价函数，得到问题的最优解。常见的有以下几种方法：

(1) 理想点法

理想点法的基本思想是在某种意义下使向量目标函数与所考虑问题的理想点的偏差为极小，求出多目标规划问题的有效解。为了求解多目标规划问题，先依次极小化各个分目标。

$$V - \min_{X \in D} \{f_1(X), f_2(X), \cdots, f_p(X)\} \Rightarrow$$
$$f_j^* = \min_{X \in D} f_j(X), j = 1, 2, \cdots, p \tag{7-6}$$

设求得第 j 个目标的极小值 f_j^*，记理想点为 $f^* = (f_1^*, f_2^*, \cdots, f_p^*)^T$。由于点的各个分量对于相应的分目标而言是最理想的值，故称 f^* 为多目标规划问题的理想点。定义评价函数：

$$h(F(X)) = h(f_1, f_2, \cdots, f_p) = \sqrt{\sum_{j=1}^{p}(f_j(X) - f_j^*)^2} \tag{7-7}$$

最后求解非线性规划问题：$\min_{X \in D} h(F(X))$。此问题的最优解就是多目标规划问题的有效解。

(2) 平方和加权法

先设定单目标规划的下界，即 $f_j^0 \leq \min_{X \in D} f_j(X)$，$j = 1, 2, \cdots, p$。

然后定义其评价函数：

$$h(F(X)) = \sum_{j=1}^{p} \lambda_j (f_j(X) - f_j^0)^2 \tag{7-8}$$

式中,λ_j 为事先给定的一组权系数,满足:

$$\lambda_j > 0, j = 1, 2, \cdots, p; \sum_{j=1}^{p} \lambda_j = 1$$

求解非线性规划问题:$\min_{X \in D} h(F(X))$,问题的最优解就是多目标规划问题的有效解。

(3)线性加权法

线性加权法是指事先根据目标函数 $f_1(X), f_2(X), \cdots, f_p(X)$ 的重要程度给出一组权系数 λ_j,满足:$\lambda_j > 0, j = 1, 2, \cdots, p$; $\sum_{j=1}^{p} \lambda_j = 1$。然后定义评价函数:

$$h(F(X)) = \sum_{j=1}^{p} \lambda_j f_j(X) \tag{7-9}$$

求解非线性规划问题:$\min_{X \in D} h(F(X))$,得到的最优解称为多目标规划的有效解。

(4)极小极大法

极小极大法的基本思想:极小化目标函数的最大分量,即给出评价函数:

$$h(F(X)) = \max_{1 \leq j \leq p} \{f_j(X)\} \tag{7-10}$$

求解非线性规划问题:$\min_{X \in D} h(F(X)) = \min_{X \in D} \{\max_{1 \leq j \leq p} f_j(X)\}$,该问题的最优解就是多目标规划的有效解。但是,实际上,此非线性规划问题的目标函数不可微,不能直接用基于梯度的算法,因此,将此问题进行了转化,令 $t = \max_{1 \leq j \leq p} f_j(X)$,则该规划问题可等价为:

$$\begin{cases} \min_{X, t} t \\ f_j(X) \leq t, j = 1, 2, \cdots, p \\ X \in D \end{cases}$$

(5)乘除法

考虑两个目标的规划问题:$f_1(X) \to \min$,$f_2(X) \to \max$,且 $f_1(X) > 0, f_2(X) > 0, X \in D$。

则定义评价函数:

$$h(F(X)) = f_2(X)/f_1(X) \tag{7-11}$$

求解非线性规划问题：$\max\limits_{X\in D} h(F(X)) = \max\limits_{X\in D} f_2(X)/f_1(X)$，问题的最优解就是多目标规划的有效解。

对多目标规划除了以上几种方法外，还可以适当修正单纯形法来求解。另外，还有一种方法称为层次分析法，是由美国运筹学家沙旦于20世纪70年代提出的，这是一种定性与定量相结合的多目标决策与分析方法，对于目标结构复杂且缺乏必要的数据的情况更为实用。

7.2 危险废弃物逆向物流选址—路径问题（HWLRP）的数学模型

7.2.1 问题描述

在绪论中我们介绍了危险废弃物物流系统，包括废弃物的产生、收集、运输、利用、处理和最终处置等多个环节（见图7-2）。在每一个环节，危险废弃物都会给人类和环境带来危害。危险废弃物管理的目的就是保证能安全、有效、合理地收集、运输、处理和最终处置废弃物。本书考虑的运输过程是危险废弃物先由产生源到处理厂，在处理厂进行预处理后，部分可回收利用，而残留剩余物将被运输到最终处置场所，如图7-3所示。从图7-3可以看出，我们提出的模型需要解决以下几个问题：(1)在哪里设置处理中心和采用何种技术；(2)在哪里设置最终处置中心；(3)如何把不同类型的危险废弃物运送到可以采用相应的处理技术进行处理的处理中心；(4)如何将处理后废弃物残渣运送到最终处理中心。因此，本书提出危险废弃物逆向物流选址—路径问题可以描述为：给定运输网络和一系列可能的处理和最终处置中心的节点，在安全和经济的情况下，确定合理的处理中心和最终处置设施的节点，并安排合理的运输路线，以达到成本最小化、风险最小化和风险公平性最大化。

第7章 城市危险废弃物逆向物流选址—路径问题(HWLRP)的研究

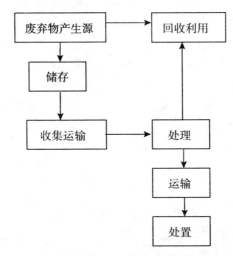

图 7-2 危险废弃物逆向物流系统

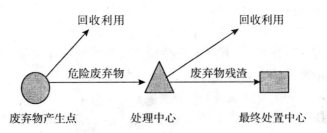

图 7-3 危险废弃物管理问题

7.2.2 假设和符号说明

为了简化模型,我们给出了以下几点假设:

(1)危险废弃物和废弃物残渣的单位运输成本已知,且与运输距离成正比;

(2)所有的危险废弃物使用同一类型的卡车运输;

(3)每辆车在完成全部运输任务后回到出发点;

(4)在处理场和最终处置点开设了两种处理技术:焚烧和固化处理;

(5) 处理处置设施中所采用的处理技术有容量设置；

(6) 每条巡回运输路线上的客户总需求不能超过车辆的载重能力。

同时给定：$N=(V,A)$ 表示运输网络；$G=\{1,\cdots,g\}$ 是生产节点集合；$T=\{1,\cdots,t\}$ 是可能的处理处置节点集合；$Tr=\{1,\cdots,tr\}$ 是运输节点集合；$W=\{1,\cdots,w\}$ 是危险废弃物类型的集合；$Q=\{1,\cdots,q\}$ 是处理技术的集合；$K=\{1,\cdots,k\}$ 是人口中心的节点集合。

这里，我们定义的变量如下：

参数：

$P(R)_i$——在第 i 路段上运输危险废弃物的事故率；

l_i——第 i 路段的长度；

λ——运输风险辐射的半径；

$\rho(i)$——第 i 路段影响区域人口密度；

$Area_i$——第 i 路段上危险废弃物运输事故发生后影响区域的面积；

θ_i——在第 i 路段上对于危险废弃物类型 $w(w\in W)$ 相对于标准扩散面积的比例系数；

h_m——第 $w(w\in W)$ 类危险废弃物对环境污染的深度；

Cap_i——危险废弃物运输事故造成路径周围的财产损失；

Q_i——路径 i 的面积；

Q_m——危险废弃物发生泄漏时对财产有威胁的路径周围的面积；

δ_m——危险废弃物发生泄漏时在 Q_m 范围内对财产的损失率；

L_{pop}——在危险废弃物运输过程中造成的单位人员伤亡的损失；

L_{env}——在危险废弃物运输过程中造成的单位环境污染损失；

$P(R)_{qi}$——在设施节点 $i(i\in T)$ 处采用处理技术 $q(q\in Q)$ 后发生事故的概率；

Q_k——表示运输车辆 k 的容量；

P_{qi}——在设施节点 $i(i\in T)$ 处采用处理技术 $q(q\in Q)$ 后发生

事故后的影响区域的人口数；

D_k——在人口中心 $k(k \in K)$ 中生产出的危险废弃物量；

D_{ij}——表示节点 i 到节点 j 间运输距离，$(i, j) \in A$；

T_{ij}——表示节点 i 到节点 j 间模糊旅行时间，$(i, j) \in A$；

$c_{i, j}$——危险废弃物从节点 i 运输到节点 j 的单位运输成本，$(i, j) \in A$；

$\mathrm{cr}_{i, j}$——废弃物残渣从节点 i 运输到节点 j 的单位运输成本，$(i, j) \in A$；

$\mathrm{ft}_{q, i}$——在节点 $i(i \in T)$ 处采用一种处理技术 $q(q \in Q)$ 的年固定成本；

fd_i——在节点 $i(i \in T)$ 处设立一个处理中心的年固定成本；

h_i——在节点 $i(i \in T)$ 处开设设施的变动成本；

$c_{q, i}$——在节点 $i(i \in T)$ 处处理技术 $q(q \in Q)$ 的处理能力；

$\mathrm{cm}_{q, i}$——在处理中心 $i(i \in T)$ 处需要采用处理技术 $q(q \in Q)$ 处理的危险废弃物的最小量；

W_k——人口中心 $k(k \in K)$ 中的人口数量；

$L_{i, k}$——处理点 $i(i \in T)$ 与人口中心 $k(k \in K)$ 之间的距离；

R_s——设施产生风险后的辐射半径；

$\pi_{i, k}$——风险因子，为事故发生后设施 i 对居民点 k 产生危害的风险因子，它是距离 $L_{i, k}$ 的递减凸函数（当超过设施风险辐射半径 R_s 时为 0。这里我们假设 $\pi_{i, k} = 1 - \left(\dfrac{L_{i, k}}{R_S}\right)^n$，指数 n 根据实际情况确定）；

$\beta_{w, q}$——利用处理技术 $q(q \in Q)$ 处理后的第 $w(w \in W)$ 类危险废弃物的回收利用率；

$r_{w, q}$——第 $w(w \in W)$ 类危险废弃物利用处理技术 $q(q \in Q)$ 处理后的减少率；

α——设施风险转化成经济效益的参数；

μ——风险公平性转化成经济效益的参数。

决策变量：

$h_{w, i, j}$——从节点 i 到节点 j 运输的第 $w(w \in W)$ 类危险废弃物

的量，$(i, j) \in A$；

$hr_{i,j}$——从节点 i 到节点 j 运输的废弃物残渣的量，$(i, j) \in A$；

$h_{w,q,i}$——在节点 $i(i \in T)$ 用处理技术 $q(q \in Q)$ 处理第 $w(w \in W)$ 类危险废弃物的量；

wd_i——在处置点 $i(i \in T)$ 被处置的废弃物残渣的量；

$com_{w,q} = 1$，表示处理技术 $q(q \in Q)$ 与第 $w(w \in W)$ 类危险废弃物相容，否则，$com_{w,q} = 0$；

$ds_i = 1$，表示在处置点 $i(i \in T)$ 设立处置场，否则，$ds_i = 0$；

$t_{q,i} = 1$，表示在处置点 $i(i \in T)$ 设置处理技术 $q(q \in Q)$，否则，$t_{q,i} = 0$；

$x_i = 1$，表示在节点 $i(i \in T)$ 设施处置处理中心，否则，$x_i = 0$；

$J_{i,k} = 1$，表示人口中心 $k(k \in K)$ 在处理处置中心 $i(i \in T)$ 的风险辐射半径 R_s 内，否则，$J_{i,k} = 0$。

7.2.3 目标分析

危险废弃物逆向物流选址—路径问题与一般货物的选址—路径问题的区别就在于对危险废弃物的回收存在不确定性和对危险废弃物的管理存在一定风险。危险废弃物管理过程中政府和企业有着不同的侧重点，政府和公众希望能够在危险废弃物再转移、处理和处置过程中尽量减少对环境的影响和风险；而废弃物处理单位则希望能够尽量降低这一过程中的经济成本，使利益最大化。因此，本书考虑的危险废弃物逆向物流管理与一般的货物的物流管理的侧重点不同，首先要解决的是安全问题，即危险废弃物在运输和处理处置过程中给周边的人口、环境和财产带来的风险；而对于决策者来说，除了要考虑风险外，还要考虑经济效益问题。所以，本书研究的危险废弃物逆向物流选址—路径问题的数学模型主要综合考虑危险废弃物运输、处理、处置过程中的经济成本、环境影响和环境风险，具体如下：

(1) 风险最小化

在第4章，我们对危险废弃物物流的风险进行了评价，包括运输风险评价和处理处置设施风险评价。本章在建立数学模型时,也要考虑危险废弃物的运输风险和设施风险,其运输总风险包括人员伤亡的风险、环境风险和财产风险,总风险的确定,可见(4-19)式。因此,得到第一个目标:

$$\min L_{\text{POP}} \sum_{i=1}^{n(P)} 2\lambda l_i \rho_i P(R)_i + L_{\text{env}} \sum_{i=1}^{n(P)} \text{Area}_i \theta_i h_m P(R)_i$$

$$+ \sum_{i=1}^{n(P)} \left(\frac{\text{Cap}_i}{Q_i}\right) Q_m \delta_m P(R)_i \qquad (7\text{-}12)$$

而对于设施风险,它是处理和处置设施处理的危险废弃物量、设施发生事故的可能性和事故产生后造成的受影响的人口数的函数。所以,第二个目标为:

$$\min \sum_{i \in T} \sum_{q \in Q} \sum_{w \in W} (h_{w,q,i} + \text{wd}_i) P(R)_{qi} P_{qi} \qquad (7\text{-}13)$$

(2) 总成本最小化

危险废弃物运输和处理过程中,涉及的成本包括危险废弃物的运输成本、废弃物残渣的运输成本、开设某一个处理技术的年固定成本以及处理处置设施的固定成本和变动成本。则第三个目标为:

$$\min \sum_{(i,j) \in A} \sum_{w \in W} c_{i,j} \cdot h_{w,i,j} + \sum_{(i,j) \in A} \text{cr}_{i,j} \cdot \text{hr}_{i,j} + \sum_{i \in T} \sum_{q \in Q} \text{ft}_{q,i} \cdot t_{q,i}$$

$$+ \sum_{(i,j) \in A} (\text{fd}_i \cdot x_i + h_i \sum_{w \in W} h_{w,i,j}) \qquad (7\text{-}14)$$

(3) 最大化风险公平性

由于危险废弃物是一种令人讨厌的物品(Obnoxious Materials),路径两侧的人口都不希望将危险废弃物的处理处置中心设置在自己所在区域。传统的通过考虑上述所提及的风险最小化和成本最小化的方式来确定危险废弃物物流的设施和路线,对于路径和设施两侧的人口可能是不公平的。因此,在进行危险废弃物逆向物流选址—路径决策时,还需要考虑风险的公平性问题。为了保证没有一个人口中心受到不平等的对待,我们要确保风险公平地分配,所以我们提出了第四个目标。这里,我们引入了一个风险因子 $\pi_{i,k}$,则最大化风险公平性的公式为:

$$\min \sum_{i \in T} \sum_{k \in K} W_k \cdot \pi_{ik} \cdot J_{ik} \qquad (7\text{-}15)$$

7.2.4 数学模型

我们提出的 HWLRP 要解决两个方面的问题，第一个方面是如何选择最优定位点，第二个方面是如何选择最优路线。根据上述分析，得出模型如下：

$$\min L_{\text{POP}} \sum_{i=1}^{n(P)} 2\lambda l_i \rho_i P(R)_i + L_{\text{env}} \sum_{i=1}^{n(P)} \text{Area}_i \theta_i h_m P(R)_i$$
$$+ \sum_{i=1}^{n(P)} \left(\frac{\text{Cap}_i}{Q_i}\right) Q_m \delta_m P(R)_i$$

$$\min \sum_{i \in T} \sum_{q \in Q} \sum_{w \in W} (h_{w,q,i} + \text{wd}_i) P(R)_{qi} P_{qi}$$

$$\min \sum_{(i,j) \in A} \sum_{w \in W} c_{i,j} \cdot h_{w,i,j} + \sum_{(i,j) \in A} \text{cr}_{i,j} \cdot \text{hr}_{i,j} + \sum_{i \in T} \sum_{q \in Q} \text{ft}_{q,i} \cdot t_{q,i}$$
$$+ \sum_{(i,j) \in A} (\text{fd}_i \cdot x_i + h_i \sum_{w \in W} h_{w,i,j})$$

$$\min \sum_{i \in T} \sum_{k \in K} W_k \cdot \pi_{ik} \cdot J_{ik}$$

约束条件：

$$D_k = \sum_{j:(i,j) \in A} h_{w,i,j} - \sum_{j:(i,j) \in A} h_{w,j,i} + \sum_{q \in Q} h_{w,q,i}, \ k \in K, w \in W, i \in T \tag{7-16}$$

$$\sum_{q \in Q} \sum_{w \in W} h_{w,q,i} \cdot (1 - r_{w,q})(1 - \beta_{w,q}) - \text{wd}_i$$
$$= \sum_{j:(i,j) \in A} \text{hr}_{i,j} - \sum_{j:(i,j) \in A} \text{hr}_{j,i}, \ i \in T \tag{7-17}$$

$$\sum_{w \in W} h_{w,q,i} \leqslant c_{q,i} \cdot t_{q,i}, \ q \in Q, i \in T \tag{7-18}$$

$$\sum_{w \in W} h_{w,q,i} \geqslant \text{cm}_{q,i} \cdot t_{q,i}, \ q \in Q, i \in T \tag{7-19}$$

$$h_{w,q,i} \leqslant c_{q,i} \cdot \text{com}_{w,q}, \ w \in W, q \in Q, i \in T \tag{7-20}$$

$$\sum_{(i,j) \in A} h_{w,i,j} \leqslant Q_k, \ w \in W \tag{7-21}$$

$$\sum_{(i,j) \in A} \text{hr}_{i,j} \leqslant Q_k \tag{7-22}$$

$$\text{Cr}\{f_v(x,y,z), v = 1, 2, \cdots, d+n\} \geqslant \alpha \tag{7-23}$$

$$h_{w,i,j}, h_{r,i,j} \geqslant 0, \ w \in W, (i,j) \in A \tag{7-24}$$

$$h_{w,q,i} \geqslant 0, w \in W, q \in Q, i \in T \tag{7-25}$$

第7章 城市危险废弃物逆向物流选址—路径问题(HWLRP)的研究

$$\text{wd}_i \geqslant 0, i \in T \tag{7-26}$$

$$t_{q,i} \in \{0,1\}, q \in Q, i \in T \tag{7-27}$$

$$x_i \in \{0,1\}, i \in T \tag{7-28}$$

约束条件(7-16)为危险废弃物的流量平衡约束,保证将所有生产出的不可回收利用的危险废弃物运输到处理中心进行处理;约束条件(7-17)为废弃物残渣的流量平衡约束,保证将所有生产出的废弃物残渣和不可回收利用的废弃物残渣运输到最终处置中心处置;约束条件(7-18)为容量约束,保证利用处理技术 q 处理危险废弃物的量不能超过此处理技术的处理能力;约束条件(7-19)为需求最小量约束,如果没有超过处理技术 q 的最小处理量,则不能开设此处理技术;约束条件(7-20)为相容性约束,保证某类危险废弃物仅由一种与其相容的处理技术进行处理;约束条件(7-21)、(7-22)为车辆容量约束;约束条件(7-23)为可信任理论表示车辆运输时间;约束条件(7-24)、(7-25)、(7-26)为非负约束;约束条件(7-27)、(7-28)保证决策变量为整数。

从上述数学模型,可以看出危险废弃物逆向物流选址—路径问题属于多目标规划问题,为了方便求解,我们采用7.1.3节中介绍的线性加权法将多目标规划转化成为单目标规划,首先我们通过专家打分法得到四个目标函数的权重,并引入经济效用系数 α 和 μ ,将设施对周围居民产生的影响和风险公平性转化为成本,其目标函数如下:

$$\begin{aligned}\min \omega_1 & \Big(L_{\text{POP}} \sum_{i=1}^{n(P)} 2\lambda l_i \rho_i P(R)_i + L_{\text{env}} \sum_{i=1}^{n(P)} \text{Area}_i \theta_i h_m P(R)_i + \\ & \sum_{i=1}^{n(P)} \Big(\frac{\text{Cap}_i}{Q_i} \Big) Q_m \delta_m P(R)_i \Big) + \omega_2 \alpha \sum_{i \in T} \sum_{q \in Q} \sum_{w \in W} (h_{w,q,i} + \text{wd}_i) P(R)_{qi} P_{qi} + \\ & \omega_3 \Big(\sum_{(i,j) \in A} \sum_{w \in W} c_{i,j} \cdot h_{w,i,j} + \sum_{(i,j) \in A} \text{cr}_{i,j} \cdot \text{hr}_{i,j} + \sum_{i \in T} \sum_{q \in Q} \text{ft}_{q,i} \cdot t_{q,i} + \\ & \sum_{(i,j) \in A} (\text{fd}_i \cdot x_i + h_i \sum_{w \in W} h_{w,i,j}) \Big) + \omega_4 \mu \sum_{i \in T} \sum_{k \in K} W_k \cdot \pi_{ik} \cdot J_{ik} \end{aligned} \tag{7-26}$$

这里, $\omega_1 + \omega_2 + \omega_3 + \omega_4 = 1$,其余的约束条件不变。

7.3 算法设计

通过分析上述模型，可知 HWLRP 属于 NP-hard 问题。因此，我们仍然采用第 6 章介绍的禁忌搜索—遗传混合算法来求解问题。危险废弃物逆向物流选址—路径问题的求解算法与物流管理系统的选址—路径问题的算法的区别在于需要确定处理中心和最终处置中心两个设施的位置，以及约束条件不同。其算法流程：

(1) 随机选取两个地点建立处理和最终处置中心，并将所有的危险废弃物产生点分配给离它最近的且打开的处理中心和最终处置中心，并将此作为算法的初始解，用遗传算法求出路线安排并据此求出 HWLRP 的目标函数值，令其为历史最优解 S^0；建立禁忌表。

(2) 对历史最优解 S^0 采用两交换邻域操作，在邻域中产生满足禁忌要求及藐视规则的候选解集；在候选集合中得出评价值的最优解 S^*，并令其为当前解，用遗传算法求解出新的当前解的目标函数值，更新禁忌表和历史最优解。

(3) 判断是否满足停止条件，如果满足算法停止条件，则输出最优解；否则转到第二步。

其禁忌搜索算法和遗传算法的具体设计步骤详见第 6 章，在此不再赘述。

7.4 算例分析

假设一个运输网路有 13 个危险废弃物产生点，5 个潜在的处理中心和 3 个潜在最终处置中心，其位置分布图见图 7-4。危险废弃物产生点的坐标和人口数见表 7-1。假设在危险废弃物产生点产生 3 种类型的危险废弃物，其具体信息见表 7-2。处理中心可以选择两种处理技术：固化技术和焚烧技术。3 种类型的危险废弃物中，金属废弃物只能采取固化技术，而其他 2 种废弃物既可以采用固化技术，也可以采用焚烧技术。采用固化技术与焚烧技术的固定成本为每年 5 万元。固化后产生的废弃物残渣的系数为 1.3，焚烧后产生的废弃物残渣的系数为 0.3。废弃物的单位运输成本、潜在的风险以及废弃物与废弃物之间相容性信息见表 7-3 和表 7-4。危险废弃物最终处置技术为填埋。潜在处理中心和最终填埋场的情况见表 7-5 和表 7-6。各路段发生的事故概率为 1.35×10^{-6}，泄漏率为 0.062，各路段的基本信息见附件 2；危险废弃物运输过程中发生泄漏事故后的危险半径为 0.5km；设施产生风险后的辐射半径为 0.5km；在第 i 路段上对于危险废弃物类型 m 相对于标准扩散面积的比例系数为 1；危险废弃物对环境污染的深度为 1km；危险废弃物发生泄漏时对财产有威胁的路径周围的面积为 1000km^2；危险废弃物发生泄漏时在 Q_m 范围内对财产的损失率为 0.08。危险废弃物产生点与潜在处理中心和填埋场之间的距离见附件 3。在此，我们取每人的死亡产生的经济损失 L_{pop} 为 10^6 元，每单位的环境损失 L_{env} 为 300 元/m^3。其余各参数见表 7-7。

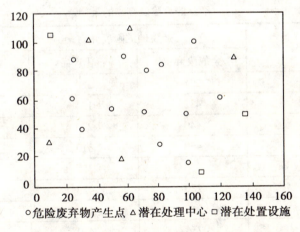

图 7-4　危险废弃物产生点、潜在处理中心和最终处置中的位置

表 7-1　危险废弃物产生点的坐标位置和人口数

编号	坐标	人口数（万人）
1	(24, 61)	1.2
2	(30, 40)	1.4

续表

编 号	坐 标	人口数(万人)
3	(49, 54)	2.1
4	(26, 88)	1.9
5	(73, 80)	2.7
6	(71, 52)	2.2
7	(81, 29)	1.1
8	(99, 16)	2.6
9	(120, 61)	1.5
10	(82, 84)	3.7
11	(58, 90)	1.0
12	(103, 100)	2.3
13	(98, 50)	1.7

表7-2　　　　　产生的危险废弃物的量

编号	产生的危险废弃物量(吨/年)		
	金属废弃物	石化产品	杀虫剂
1	226	360	180
2	432	154	210
3	440	270	320
4	450	310	230
5	650	350	500
6	280	430	330
7	210	110	220
8	756	450	120
9	190	340	370
10	300	1300	450
11	170	140	290
12	200	416	340
13	220	350	290

第7章 城市危险废弃物逆向物流选址—路径问题(HWLRP)的研究

表7-3　　　　单位运输成本和废弃物的潜在风险

废弃物类型	单位运输成本(元/(t·km))	潜在风险
金属废弃物	4.0	0.25
石化产品	5.5	0.30
杀虫剂	5.0	0.35
废弃物残渣	2.0	0.1

表7-4　　　　废弃物之间相容性

废弃物类型	相容性
金属废弃物与石化产品	不相容
金属废弃物与杀虫剂	相容
石化产品与杀虫剂	不相容

表7-5　　　　潜在处理中心的情况

节点	坐标	固定成本(万元/年)	变动成本(元/t)			面临风险的人口(万人)	风险的可能性(10^{-6})
			金属废弃物	石化产品	杀虫剂		
1	(9, 31)	10	25	30	25	1.5	1.2
2	(56, 19)	12	25	30	25	2.0	1.2
3	(35, 102)	9	25	30	25	1.8	1.2
4	(62, 110)	8	25	30	25	2.3	1.2
5	(129, 88)	8.5	25	30	25	1.9	1.2

表7-6　潜在填埋场的情况

节点	坐标	处理能力（t/年）	固定成本（万元/年）	变动成本（元/t）	面临风险的人口（万人）	风险的可能性（10^{-6}）
1	(10, 105)	2800	7	15	0.75	1.0
2	(108, 9)	3000	7.5	15	0.5	1.0
3	(136, 49)	3200	8	15	0.5	1.0

表7-7　模型中各因子的取值

参数	α	μ	ω_1	ω_2	ω_3	ω_4
取值	50	100	0.3	0.3	0.25	0.15

在此，我们同样采用第6章提出的两阶段混合算法对该算例进行求解，参数设置如下：

(1) 禁忌搜索的交换操作的最大次数为6；
(2) 禁忌表长度为6；
(3) 禁忌搜索的最大迭代次数为50次；
(4) pop_size 为30；
(5) 种群大小为800；
(6) 交叉概率为0.2；
(7) 变异概率为0.2；
(8) 基于序的评价函数中的参数 a 为0.05；
(9) 置信水平 α 为0.9。

仿真计算，使用MATLAB7.0编程实现，其危险废弃物逆向物流选址—路径安排如图7-5所示，算法的平均解随迭代次数变化的趋势如图7-6所示，算法的最优解随迭代次数的变化趋势如图7-7所示。

算法运行后得到的最优解为：

第7章 城市危险废弃物逆向物流选址—路径问题(HWLRP)的研究

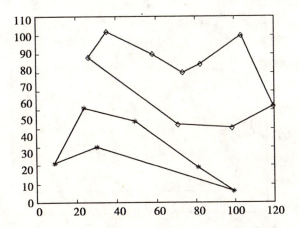

图7-5 危险废弃物逆向物流选址—路径问题的运行过程

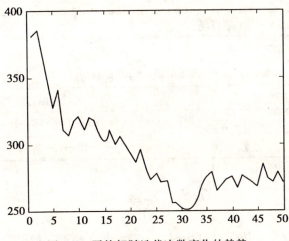

图7-6 平均解随迭代次数变化的趋势

第一阶段：LAP 的解

选定的处理中心	处理中心所服务的废弃物产生点
T_1	1, 2, 3, 7, 8
T_3	4, 5, 6, 9, 10, 11, 12, 13

157

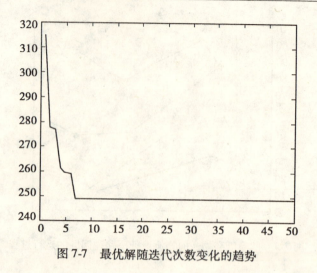

图7-7 最优解随迭代次数变化的趋势

所选定的填埋场	第 D_2 个填埋场

第二阶段：VRP 的解

所选定的处理中心	优化后的运输路线
T_1	1—3—7—8—2—T_1
T_3	11—5—10—12—9—13—6—4—T_3

7.5 本章小结

  本章首先介绍了多目标规划问题的数学模型、解的定义和基本解法，在此基础上结合危险废弃物流自身的特点和现实问题，建立了危险废弃物逆向物流选址—路径问题的数学模型，并采用求解多目标规划问题的方法之———线性加权法，将多目标规划转化成为单目标规划，然后结合第6章所提出的两阶段禁忌搜索—遗传混合算法给出了求解本章问题的方法，最后给出了一个简单的算例，通过对算例的运行和分析，证明了所建立的数学模型和算法的可行性和有效性。

第 8 章 结　　论

8.1　本书的研究结论

针对目前国家提出的循环经济的要求，本书从环境保护和可持续发展的角度出发，以危险废弃物逆向物流为研究对象，将危险废弃物逆向物流网络优化中的设施选址和运输路线优化两个问题作为一个整体来研究，统筹考虑到两方面不同因素彼此间的影响，采用最优化理论，研究了城市危险废弃物逆向物流规划问题，并应用灰色系统预测理论、风险评价理论、组合优化理论、模糊集理论、多目标规划理论分别研究了城市危险废弃物产生和处理趋势、城市危险废弃物逆向物流的风险评价问题、普通货物在集成物流管理系统理念下的选址—路径问题以及城市危险废弃物逆向物流选址—路径问题，得到了相关的研究结论。具体来讲，主要包括以下几个方面：

（1）对国内外有关物流选址、选线、危险废弃物物流、风险评价等问题的相关文献进行了总结，认为应在分析城市危险废弃物产生和处理趋势、危险废弃物逆向物流风险和普通货物的物流选址—路径问题的基础上，研究危险废弃物逆向物流的选址—路径问题。

（2）分析探讨了城市危险废弃物产生的现状、特性，并以国家环境保护部已有的数据为基础，采用灰色系统预测理论预测城市危险废弃物产生量和处理量，得出危险废弃物的产生量和处理量会随着经济的快速增长而增加，需要给予高度重视，寻求合理的方法对危险废弃物进行管理。

（3）分析探讨了城市危险废弃物逆向物流的风险，利用定量风险评价方法和模糊综合评价法分别对城市危险废弃物运输过程中和危险废弃物处理过程中的风险进行评价。研究结论为后续的危险废弃物逆向物流选址—路径问题的建模工作打下基础。

（4）研究了模糊环境下带时间窗约束的多仓库有容量限制的物流选址—路径问题，构建了数学模型，该模型提出了问题的决策目标体系、决策变量以及需要考虑的约束条件，根据所建立的数学模型设计了求解问题的两阶段禁忌搜索—遗传混合算法，第一阶段采用基于禁忌搜索的启发式算法去解决设施选址问题，确定设施的位置；第二阶段采用遗传算法去解决运输车辆路线问题。给出了算例，验证了模型的可行性和所提出的算法的有效性。

（5）根据前面分析得出的结论，基于多目标规划理论，建立城市危险废弃物逆向物流的选址—路径问题的多目标规划模型，以总成本最小化（包括设施建设成本和运输成本）、总体风险最小化（包括运输风险和处理风险）以及风险公平最大化为目标，研究如何从众多候选地址中选出确定的处理中心和最终处置中心的位置，设计合理的运输路线。然后同样应用本书所设计的两阶段禁忌搜索—遗传混合算法求解危险废弃物逆向物流的设施定位和车辆路径问题。最后给出算例，进行分析。

8.2 本书的创新点

本书的主要创新点有以下四个方面：

（1）在危险废弃物逆向物流风险评价中，将风险进行了量化。

本书提出了一个危险废弃物运输过程中的风险度量模型，将其风险划分为人口伤亡风险、环境污染风险和财产损失风险，并分别对这三个风险进行了量化，得到总的运输风险，弥补了传统的单独度量人口风险的不足（见4.4.3节）。此外，采用模糊综合评价法研究了危险废弃物物流的处理中心风险（见4.5节）。

（2）研究了模糊环境下的带时间窗约束的多仓库有容量限制的 LRP 问题，并建立数学模型。

目前已有的多数研究成果仅考虑单级物流系统，而且是在确定环境下进行研究。但是在实际生产和生活中，由于线路受损、线路的维护、天气条件或者负载情况等原因，我们不能将路径上的权值即每条弧的长度、费用或者运输时间看做确定的值。但是，有时我们能够获得历史数据，从这些历史数据中我们能够获得这些权值的分布，在这种情况下，可以把弧上的权值看做随机变量，并且利用概率论理论的知识来研究。然而，很难获得历史数据或者历史数据不可靠时，没办法获得这些权值的分布，只能由专家根据自己的经验主观地给出，这时模糊集理论能够很好地处理这种情况。所以，本书创新性地将模糊集理论应用到模型的建立中，重点研究了车辆运输时间不确定的情况下的带时间窗约束的多仓库有容量限制的 LRP 问题，模型中包含集成物流管理系统中的各个环节的成本，包括工厂的固定费用、仓库的建立和库存成本以及车辆的指派成本和运输成本（见5.5节）。此数学模型较为接近实际的约束条件和目标函数。

（3）提出了求解集成物流管理系统的选址—路径问题的禁忌搜索—遗传混合算法。

目前求解组合优化问题的启发式算法很多，本书针对问题的特殊性，提出了一种两阶段启发式算法求解 LRP 问题。第一阶段采用基于禁忌搜索的启发式算法去解决设施选址问题，获得较优的设施位置，然后转入第二阶段（运输车辆路线优化阶段），采用遗传混合算法获得一个与已得到的较优设施位置相对应的优化运输路线，这两阶段反复、连续运算，直到满足预先设置的终止条件（见6.4节和6.5节）。本书在禁忌搜索—遗传混合算法中提出了新的解的表示方法，即客户直接排列的表示方法，并为其设计了相应的解的评价方法。

（4）建立了城市危险废弃物逆向物流选址—路径问题的数学模型

长期以来有关设施选址和运输路线组合优化问题的研究主要针对一般货物而言，而对影响城市环境的危险废弃物逆向物流的研究较少。因此本书首次研究了城市危险废弃物处理中的设施选址和运输路线安排问题（HWLRP），采用多目标规划理论，建立危险废弃物多目标规划模型，以总成本最小化（包括设施建设成本和运输成本）、总体风险最小化（包括运输风险和处理风险）以及风险公平最大化为目标，研究如何从众多候选地址中选出确定的处理中心和最终处置中心的位置，设计合理的运输路线。在模型中还充分考虑了危险废弃物管理中所面临的现实问题，例如：回收、废弃物之间以及废弃物与处理技术之间的相容性、风险公平性以及废弃物残渣的运输与处理问题，等等（见7.2节）。

8.3 进一步研究的工作与展望

本书在前人的基础上，对城市危险废弃物逆向物流选址—路径问题进行了研究，得到一些初步的结论，但是由于问题的复杂性和模型假设条件的局限性，加之作者的研究水平和时间有限，有许多问题有待于我们做进一步的系统研究：

（1）本书对于运输风险的度量问题，虽然已经给出了常用的八种主要模型，但是，由于各模型应用的假设差异较大，应用不同模型进行运输路径选择的结果也有很大差异。如何应用更为准确的度量模型来量化运输风险是我们今后要进一步研究的问题。

（2）由于危险废弃物在运输过程中存在很多不确定性因素，对于运输过程中的事故率、泄漏率等因素的估计还不够准确，风险半径内的人口密度、环境和财产构成的估计也不够精确，需要进一步研究。

（3）本书建立的数学模型考虑了一些假设条件，如果放松某些条件约束，会对研究结果造成一定的影响，因此还需要深入研究，考虑更多现实约束的问题。

（4）本书研究的危险废弃物并没有具体到某种危险废弃物，只是一个泛指的概念。

参考文献

［1］徐贤浩．物流配送中心规划与运作管理［M］．华中科技大学出版社，2007．

［2］茆剑．基于混合遗传算法的供应链物流设施选址优化［D］．河海大学硕士学位论文，2006．

［3］John C. Multi-objective analysis of facility location decisions［J］. European Journal of Operational Research，1990，49(2)．

［4］李军，郭耀煌．物流配送车辆优化调度理论与方法［M］．中国物资出版社，2001．

［5］谢秉磊，李军，郭耀煌．有时间窗的非满载车辆调度问题的遗传算法［J］．系统工程学报．2000，15(3)．

［6］彭扬．物流配送网络设计模型与算法研究［D］．中国科学技术大学博士学位论文，2007．

［7］王韶林．有害废弃物管理综述［J］．云南环境科学，1995，14(4)．

［8］王长琼．逆向物流［M］．中国物资出版社，2007．

［9］张敏．易腐物品物流网络服务设施选址问题研究［D］．华中科技大学博士学位论文，2006．

［10］崔广彬．一体化物流网络布局中的定位—运输路线安排问题研究［D］．哈尔滨工业大学博士学位论文，2006．

［11］Hakimi S. L. Optimum locations of switching centers and the absolute centers and medians of a graph［J］. Operations Research，1964，12．

［12］蔡希贤，夏士智．物流合理化的数量方法［M］．华中工学

院出版社, 1985.

[13] 刘海燕, 李宗平, 叶怀珍. 物流配送中心选址模型. 西南交通大学学报, 2000, 35 (3).

[14] 汝宜红等. 配送中心规划 [M]. 北方交通大学出版社, 2002.

[15] 蔡临宁. 物流系统规划——建模及实例分析 [M]. 机械工业出版社, 2003.

[16] 严冬梅. 城市物流中心选址问题研究 [D]. 天津大学博士学位论文, 2004.

[17] 潘文安. 物流园区规划设计 [M]. 中国物资出版社, 2005.

[18] 陆超, 李学伟. 基于城市分布理论和 AHP 法的全国性物流中心选址方法 [A]. 现代工业工程与管理研讨会（MIEM06）论文集, 2006.

[19] 杨珺, 张敏, 陈新. 一类带服务半径的服务站截流选址—分配问题 [J]. 系统工程理论与实践, 2006 (1).

[20] 刘海龙. 不确定环境下的物流中心选址问题研究 [D]. 哈尔滨理工大学硕士学位论文, 2007.

[21] 张华, 何波, 杨超. 基于粗糙集和多目标规划的多物流配送中心选址 [J]. 工业工程与管理, 2008.

[22] 王保华, 何世伟. 不确定环境下物流中心选址鲁棒优化模型及其算法 [J]. 系统工程理论与方法, 2009 (2).

[23] 刘志敏, 王爱虎, 余高辉. 改进和声算法在产业集群物流选址中的应用 [J]. 工业工程与管理, 2011 (4).

[24] 曹二保. 物流配送车辆路径问题模型及算法研究 [D]. 湖南大学博士学位论文, 2008.

[25] Bramel J., Levi D. S. On the effectiveness of set covering formulations for the vehicle routing problem with time windows [J]. Opetations Research, 1997, 45 (2).

[26] Lysgaard J. Reachability cuts for the vehicle routing problem with time windows [J]. European Journal of Operational Research, 2006, 175.

[27] Erkut E., Alp O. Integrated routing and scheduling of Hazmat trucks with stops route [J]. Transportation Science, 2007, 41 (1).

[28] Azi N., Gendreau M., Potvin J. Y. An exact algorithm for a single-vehicle routing problem with time windows and multiple routes [J]. European Journal of Operational Research, 2007, 178.

[29] Bienstock D., Bramel J., Levi D. S. A probabilistic analysis of tour partitioning heuristics for the capacitated vehicle routing [J]. Mathematics of Operations Research, 1993, 184.

[30] Berger J, Barkaoui M, Braysy O. A parallel hybrid genetic algorithm for the vehicle routing problem with time windows [M]. Defense Research Establishment Valcartier, 2001.

[31] Braysy O, M Gendreau. Genetic algorithms for the vehicle routing problem with time windows [R]. Internal Report STF42 A01021, SINTEF Applied Mathematics, Department of Optimization, Oslo, Norway, 2001.

[32] Li H, Lim A, Huang J. Local Search with Annealing-like restarts to solve the VRPTW [J]. European Journal of Operational Research, 2003, 150 (1).

[33] Moghaddam R. T., Safaei N., Gholipour Y. A hybrid simulated annealing for capacitated vehicle routing problems with the independent route length [J]. Applied Mathematics and Computation, 2006, 176.

[34] Berman O., Huang R. The minisum multipurpose trip location problem on networks [J]. Transportation Science, 2007, 41 (4).

[35] Archetti C., Speranza M. G., Savelsbergh M. W. P. An optimization-based heuristic for the split delivery vehicle routing problem [J]. Transportation Science, 2008, 42 (1).

[36] Garcia-Najera. bel. Bi-objective optimization for the Vehicle

Routing Problem with Time Windows: Using route similarity to enhance performance [A]. Computer Science (including subseries Lecture Notes in Artificial Intelligence and Lecture Notes in Bioinformatics), LNCS5467, 2010.

[37] Minocha, Bhawna. Solving vehicle routing and scheduling problems using hybrid genetic algorithm [R]. ICECT 2011-2011 3rd international conference on electronics computer technology, v2: 189-193.

[38] 郭耀煌,李军. 车辆优化调度 [M]. 成都科技大学出版社, 1994.

[39] 张建勇. 模糊信息条件下车辆路径问题研究 [D]. 西南交通大学博士学位论文, 2001.

[40] 符卓. 开放式车辆路径问题及其应用研究 [D]. 中南大学博士学位论文, 2003.

[41] 郎茂祥. 装卸混合车辆路径问题的模拟退火算法研究 [J]. 系统工程科学版, 2005, 20 (5).

[42] 刘云忠, 宣慧玉. 车辆路径问题的模型及算法研究综述 [J]. 管理工程学报, 2005, 19 (1).

[43] 娄山佐. 车辆路径问题的建模及优化算法研究 [D]. 西北工业大学博士学位论文, 2006.

[44] 刘兴. 基于协作的车辆路径问题研究 [D]. 天津大学博士学位论文, 2006.

[45] 陆琳. 不确定信息车辆路径问题及其算法研究 [D]. 南京航空航天大学博士学位论文, 2007.

[46] 刘霞. 车辆路径问题的研究 [D]. 华中科技大学博士学位论文. 2007.

[47] 马华伟. 带时间窗车辆路径问题及其启发式算法研究 [D]. 合肥工业大学博士学位论文, 2008.

[48] 唐连生. 突发事件下的车辆路径问题研究 [D]. 西南交通大学博士学位论文, 2008.

[49] 马建华, 房勇, 袁杰. 多车场多车型最快完成车辆路径问题

的变异蚁群算法 [J]. 系统工程理论与实践, 2011 (8).

[50] Von Boventer. The relationship between transportation costs and location rent in transportation problems [J]. Journal of Regional Science, 1961, 3 (2).

[51] Webb, M. H. T. Cost functions in the location of depots for multiple-delivery journeys [J]. Operational Research Quarterly, 1968 (19).

[52] Copper, L. The transportation-location problem [J]. Operations Research, 1972, 20.

[53] Cooper, L. An efficient heuristic algorithm for the transportation-location problem [J]. Journal of Regional Science, 1976, 16 (3).

[54] Tapiero, C. S. Transportation-location-allocation problems over time [J]. Journal of Regional Science, 1971, 11 (3).

[55] Watson-Gandy C, Dohrn P. Depot location with van salesman: a practical approach [J]. Omega Journal of Management Science, 1973, 1 (3).

[56] Or, I., Pierskalla, W. P. A transportation, location-allocation model for regional blood banking [J]. AIIE Transactions, 1979, 11 (2).

[57] Jacobsen, S. K., Madsen, O. B. G. On the location of transfer points in a two-level newspaper delivery system-A Case Study [J]. Presented at the International Symposium on Locational Decisions, 1978.

[58] Jacobsen, S. K., Madsen, O. B. G. A comparative study of heuristics for a two-level routing-location problem [J]. European Journal of Operational Research, 1980 (5).

[59] Nambiar, J. M., Gelders, L. F., Van Wassenhove, L. N. A large scale location-allocation problem in the natural rubber industry [J]. European Journal of Operational Research, 1981, 6.

[60] Perl, J. A unified warehouse location-routing analysis [D]. Unpublished Ph. D. dissertation, 1983.

[61] Perl, J., Daskin, M. S. A unified warehouse location-routing methodology [J]. Journal of Business Logistics, 1984, 5 (1).

[62] Perl, J., Daskin, M. S. A warehouse location-routing problem [J]. Transportation Research, 1985, 19B (5).

[63] Madsen, O. B. G. A survey of methods for solving combined location-routing methods//Jaiswal, N. K. Scientific management of transport systems [M]. North-Holland, Amsterdam, Holland, 1981: 194-201.

[64] Madsen, O. B. G. Methods for solving combined two level location-routing problems of realistic dimensions [J]. European Journal of Operational Research, 1983, 12.

[65] Balakrishnan, A., Ward, J. E., Wong, R. T. Integrated facility location and vehicle routing models: recent work and future prospects [J]. American Journal of Mathematical and Management Sciences, 1987, 7 (1&2).

[66] Daskin, M. S. Location, dispatching, and routing models for emergency services with stochastic travel times //Ghosh, A., Rushton, G. Spatial analysis and location-allocation models [M]. Von Nostrand Reinhold Company, 1987.

[67] Laporte, G. Location-routing problems//Golden, B. L., Assad, A. A. Vehicle routing: methods and studies [M]. North-Holland Publishing, 1988.

[68] Laporte, G., Dejax, P. J. Dynamic location-routing problems [J]. Journal of the Operational Research Society, 1989, 40 (5).

[69] Simchi-Levi, D. The capacitated traveling salesman location problem [J]. Transportation Science, 1991, 25.

[70] Current, J., Marsh, M. Multiobjective transportation network

design and routing problems: taxonomy and annotation [J]. European Journal of Operational Research, 1993, 65.

[71] Srisvastava, R. Alternate solution procedures for the location-routing problem [J]. Omega International Journal of Management Science, 1993, 21 (4).

[72] Stowers, C. L., Palekar, U. S. Location models with routing considerations for a single obnoxious facility [J]. Transportation Science, 1993, 27 (4).

[73] Berman, O., Jaillet, P., Simchi-Levi, D. Location-routing problems with uncertainty//Drezner, Z. Facility location: a survey of applications and methods [M]. Springer Verlag, 1995.

[74] Averbakh, I., Berman, O. Routing and location-routing p-delivery men problems on a path [J]. Transportation Science, 1994, 28 (2).

[75] Averbakh, I., Berman, O. Probabilistic sales-delivery man and sales-delivery facility problems on a tree [J]. Transportation Science, 1995, 29 (2).

[76] Min, H. Consolidation terminal location-allocation and consolidated routing problems [J]. Journal of Business Logistics, 1996, 17 (2).

[77] Min H, Jayaraman V, Srivastava R. Combined location-routing problems: a synthesis and future research directions [J]. Eur J Oper Res, 1998, 108.

[78] Y. Chan, W. B. Carter, M. D. Burnes. A multiple-depot, multiple-vehicle, location-routing problem with stochastically processed demands [J]. Computers & Operations Research, 2001, 28.

[79] Lin C. K. Y, C. K Chow, A Chen. A location-routing-loading problem for bill delivery services [J]. Computers and Industrial Engineering, 2002, 43.

[80] Feenandez E, Puerto J. Multiobjective solution of the uncapacitated plant location problem [J]. European Journal of

Operational Research, 2003, 145.

[81] S. C. Liu, S. B. Lee. A two-phase heuristic method for the multi-depot location routing problem taking inventory control decisions into consideration [J]. INT J Adv Manuf Techol, 2003 (22).

[82] S. C. Lin, C. C. Lin. A heuristic method for the combined location routing and inventory problem [J]. Int Adv Manuf Techol, 2004.

[83] Cornuejols G, Fisher, M. L., Nemheuser, G. L. Location of bank accounts to optimize float: an analytic study of exact and approximate algorithm [J]. Management Science, 1977, 23 (8).

[84] Lenstra, J. K., Rinnooy Kan, A. H. G. Complexity of vehicle routing and scheduling problems [J]. Networks, 1981 (11).

[85] Laporte, G., Nobert, Y. An exact algorithm for minimizing routing and operating costs in depot location [J]. European Journal of Operational Research, 1981, 6.

[86] Laporte, G., Nobert. Y., Pelletier. P. Hamiltonian location problems [J]. European Journal of Operational Research, 1983, 12.

[87] Laporte, G., Nobert, Y., Arpin, D. An exact algorithm for solving a capacitated location-routing problem [J]. Annals of Operations Research, 1986, 6.

[88] Laporte, G., Nobert. Y. Taillefer, solving a family of multi-depot vehicle routing and location-routing problems [J]. Transportation Science, 1988, 22 (3).

[89] Laporte, G., Louveaux, F., Mercure, H. Models and exact solutions for a class of stochastic location-routing problems [J]. European Journal of Operational Research, 1989, 39.

[90] Bookbinder, J. H., Reece, K. E. Vehicle routing considerations in distribution system design [J]. European Journal of

Operational Research, 1988 (37).

[91] Boffey, B. , J. Karkazis. Location, routing and environment// Drezner Z. Facility location [M]. Springer, 1995.

[92] Lysgaard J, Letchford AN, Eglese RW. A new branch-and-cut algorithm for the capacitated vehicle routing problem [J]. Math Program, 2004, 100.

[93] Belenguer JM, Benavent E, Prins C, Wolfler-Calvo R. A branch and cut method for the capacitated location-routing problem [J]. ICCSSM' 06, Troyes, France, 2006.

[94] Berger R. T. , Coullard C. R. , Daskin M. S. Location-routing pro-blems with distance constraints [J]. Transportation Science, 2007, 41 (1).

[95] Golden BL, Magnanti TL, Nguyen HQ. Implementing vehicle routing algorithms [J]. Networks, 1977 (7).

[96] Srikar B, Srivastasva R. Soluting methodology for the location-routing problem [J]. ORSA/TIMS Conference, 1983.

[97] Simchi-Levi, D. , Berman, O. A heuristic algorithm for the traveling salesman location problem on networks [J]. European Journal of Operational Research, 1988, 36.

[98] Srisvastava, R. , Beton, W. C. The location-routing problem: consideration in physical distribution system design [J]. Computers and Operations Research, 1990, 6.

[99] Chien, T. W. Heuristic procedures for practical-sized uncapcitated location- capacitated routing problems [J]. Decision Sciences, 1993, 24 (5).

[100] Hansen, P. H. , Hegedahl, B. , Hjortkajar, S. , Obel, B. A heuristic solution to the warehouse location-routing problem [J]. European Journal of Operational Research, 1994, 76.

[101] Salhi S, Fraser M. An integrated heuristic approach for the combined location vehicle fleet mix problem [J]. Study in Locational Analysis, 1996 (8).

[102] Nagy G, Salhi S. Nested heuristic method for the location-routing problem [J]. Journal of Operational Research Society, 1996 (47).

[103] Nagy G, Salhi S. A nested location-routing heuristic using route length estimation [J]. Studies in Locational Analysis, 1996 (10).

[104] Tuzun D, Burke LI. A two-phase tabu search approach to the location routing problem [J]. Eur J Oper Res, 1999, 116.

[105] Tai-His Wu, Chinyao Low, Jiunn-Wei Bai. Heuristic solutions to multi-depot location-routing problems [J]. Computers & Operations Research, 2002, 29.

[106] Albareda-Sambola, M. J. A. Diaz, E. Fernandez. A compact model and tight bounds for a combined location-routing problem [J]. Technical Report, 2002, 14.

[107] Michael Wasner, Gunther Zapfel. An integrated multi-depot hub-location vehicle routing model for network planning of parcel service [J]. International Journal of production economics, 2004, 90.

[108] Jan Melechovsky, Christian Prins, Roberto Wolfler Calvo. A metaheuristic to solve a location-routing problem with non-linear costs [J]. Journal of Heuristics, 2005, 11.

[109] Lin C. K. Y, Kwok R. C. W. Multi-objective metaheuristics for a location-routing problem with multiple use of vehicles on real data and simulated data [J]. European Journal of Operational Research, 2005, 175.

[110] Rafael Caballero, Mercedes Gonzalez, Flor M Guerrero, Julian Molina, Concepcion Paralerra. Solving a multiobjective location routing problem with a metaheuristic based on tabu search [J]. European Journal of Operational Research, 2007, 177.

[111] Sergio Barreto, Carlos Ferreira, Jose Paixao, Beatriz Sousa Santos. Using clustering analysis in a capacitated location-routing

problem [J]. European Journal of Operational Research, 2007, 179.

[112] Maria Albareda-Sambola, Elena Fernandez, Gilbert Laporte. Heuristic and lower bound for a stochastic location-routing problem [J]. European Journal of Operational Research, 2007, 179.

[113] 汪寿阳, 赵秋红, 夏国平. 集成物流管理系统中的定位—运输路线安排问题的研究 [J]. 管理科学学报. 2000, 3 (2).

[114] 张潜, 高立群, 胡祥培. 集成化物流中的定位—运输路线安排问题（LRP）优化算法评述 [J]. 东北大学学报, 2003, 24 (1).

[115] 林岩, 胡祥培, 王旭茵. 物流系统优化中的定位—运输路线安排问题（LRP）研究综述 [J]. 管理工程学报, 2004, 18 (4).

[116] 张潜, 高立群, 胡祥培. 集成化物流中的定位—运输路线安排问题（LRP）模型及优化算法研究 [J]. 东北大学学报（自然科学版），2003.

[117] 张潜, 高立群, 刘雪梅, 胡祥培. 定位—运输路线安排问题的两阶段启发式算法 [J]. 控制与决策. 2004, 19 (7).

[118] 张潜, 李钟慎, 胡祥培. 基于模糊优化的物流配送路径（MLRP）问题研究 [J]. 控制与决策, 2006, 6.

[119] 张长星, 党延忠. 定位—运输路线安排问题的遗传算法研究 [J]. 计算机工程与应用, 2004, 12.

[120] 林岩. 城市物流配送系统的 LRP 模型及其算法研究 [D]. 大连理工大学硕士学位论文, 2002.

[121] 郭伏, 王红梅, 罗丁. 城市物流配送系统的多目标优化 LRP 模型研究 [J]. 工业工程与管理, 2005, 5.

[122] 黄春雨, 马士华, 周晓. 基于缩短物流多阶响应周期的 LRP 模型研究 [J]. 工业工程与管理, 2004, 1.

[123] 黄春雨. 基于供应的 LRP 模型研究 [D]. 华中科技大学博士学位论文, 2003.

[124] 邱晗光, 张旭梅. 基于改进粒子群算法的开放式定位—运输路线问题研究 [J]. 中国机械工程, 2006, 17 (22).

[125] 周凯. 随机时间定位—运输路线安排问题研究 [D]. 中南大学硕士学位论文, 2005.

[126] 马小伟. 一类带时间窗口的定位—路径问题的启发式算法 [J]. 科技导报. 2006, 5 (24).

[127] 闻轶. 随机物流选址和车辆路径问题综合优化的研究 [D]. 北京交通大学硕士学位论文, 2006.

[128] 蒋泰, 杨海. 基于禁忌搜索算法求解带软时间窗的定位—路线问题 [J]. 桂林工程学院学报, 2008, 5 (28).

[129] 胡勇. 基于 SFC 法和模拟退火算法求解定位—车辆路线问题研究 [D]. 长安大学硕士学位论文, 2006.

[130] 胡大伟, 陈诚. 遗传算法 (GA) 和禁忌搜索算法 (TS) 在配送中心选址和路线问题中的应用 [J]. 系统工程理论与实践, 2007, 9.

[131] 李青, 刘兆健, 薛军, 孙光析. 用于定位—运输路线安排问题的禁忌搜索——蚁群混合算法 [J]. 可持续发展的中国交通, 2005.

[132] 秦绪伟. 物流系统集成规划模型及优化算法研究 [D]. 中国科学院沈阳自动化研究所论文, 2006.

[133] 杨秋秋. 物流系统中的选址—运输问题研究 [D]. 大连海事大学硕士学位论文, 2007.

[134] 王明春. 定位—配送路线最优安排问题及其算法研究 [D]. 武汉大学硕士学位论文, 2005.

[135] 崔广彬, 李一军. 基于双层规划的物流系统集成定位—运输路线安排—库存问题研究 [J]. 系统工程理论与实践, 2007, 6.

[136] 崔广彬, 李一军. 模糊需求下的物流系统 CLRIP 问题研究 [J]. 控制与决策, 2007, 9.

[137] 崔广彬. 一体化物流网络布局中的定位—运输路线安排问题研究 [D]. 哈尔滨工业大学硕士学位论文, 2006.

[138] 程锡胜, 蒲云虎, 吴颖. 集成化物流选址—路径问题优化模型的算法研究 [J]. 中南林业科技大学学报, 2008 (5).

[139] 张波. 成品油配送系统优化中的定位—路径—库存问题研究 [D]. 西南交通大学硕士学位论文, 2008.

[140] Zografos, K. G., Samara, S. Combined location-routing model for hazardous waste transportation and disposal [J]. Transportation Research Record, 1989, 1245.

[141] List G, Mirchandoni P. An integrate network/planar multiobjective model for routing and siting for hazardous materials and wastes [J]. Transportation Science, 1991, 25 (2).

[142] RevelleC, Cohon J, Shobrys D. Simultaneous siting and routing in the disposal of hazardous wastes [J]. TransportationScience, 1991, 25 (2).

[143] Current J, Ratick S. A model to assess risk, equity and efficiency in facility location and transportation of hazardous materials [J]. Location Science, 1995, 3 (3).

[144] Nema AK, Gupta SK. Optimization of regional hazardous waste management systems: an improved formulation [J]. Waste Mana-gement, 1999, 19.

[145] Sibel Alumur, Bahar Y. Kara. A new model for the hazardous waste location- routing problem [J]. Computers & Operations Research, 2005 (6).

[146] 吕新福, 蔡临宁, 曲志伟. 废弃物回收物流中的选址—路径问题 [J]. 系统工程理论与实践, 2005 (5).

[147] 何波, 杨超, 张华. 固体废弃物逆向物流网络优化设计问题研究 [J]. 系统工程, 2006, 24 (8).

[148] 何波, 杨超, 张华, 石永东. 固体废弃物逆向物流网络优化设计 [J]. 系统工程, 2006 (8).

[149] 何波，毛忞歆．区域废弃物网络系统的选址—运输优化模型［J］．运筹与管理，2007（5）．

[150] 何波，杨超，杨珺．废弃物逆向物流网络设计的多目标优化模型［J］．工业工程与管理，2007（5）．

[151] 连启里，张曦．生态旅游区废弃物回收的逆向物流选址—路径问题［J］．物流技术，2008（11）．

[152] 邹泽燕．城市生活固体废弃物逆向物流网络选址—路径问题研究［D］．西南交通大学硕士学位论文，2008．

[153] Zografos. K. G, Davis CF. Multi-objective programming approach for routing hazardous materials ［J］. Journal of Transportation Engineering, 1989, 115（6）．

[154] G. F. List, P. B. Mirchandani, M. Turnquist, K. G. Zografos. Modeling and analysis for hazardous materials transportation: Risk analysis, routing/scheduling and facility location ［J］. Transportation Science, 1991, 25（2）．

[155] Erhan Erkut, Armann Ingolfsson. Transport risk models for hazardous materials: revisited ［J］. Operations Research Letters, 2005（33）．

[156] Renee M. Clark, Mary E. Besterfield-Sacre. A new approach to hazardous materials transportation risk analysis: decision modeling to identify cirtical variables ［J］. Risk analysis, 2009（29）．

[157] 毕军，王华东．有害废弃物运输环境风险研究［J］．中国环境科学，1995，15（4）．

[158] 杨满宏等．湘境国道4危险品运输风险环境影响分析方法研究［J］．交通环保，1999，20（3）．

[159] 吴宗之等．危险品道路运输过程风险分析与评价方法研究［J］．应用基础与工程科学学报，2004（12）．

[160] 庄英伟．危险化学品公路运输定量风险分析方法探讨［J］．中国职业安全卫生管理体系认证，2004，1．

[161] 魏航，李军．时变条件下的有害物品运输的人口风险分析

[J]. 中国安全科学学报, 2004, 14 (10).

[162] 魏航, 李军, 王浩. 有害物品运输的总风险分析 [J]. 中国安全科学学报, 2005, 15 (12).

[163] 刘茂, 任军平, 张宇. 危险品公路运输风险分析及应用 [J]. 中国公共安全, 2005 (3).

[164] 张丽颖, 黄启飞, 王琪, 袁磊. 风险评价在危险废弃物分级管理中的应用研究 [J]. 环境科学与管理, 2006 (7).

[165] 郭培杰, 蒋军成. 模糊综合评价法在危险化学品道路运输风险评价中的应用 [J]. 南京工业大学学报, 2006 (5).

[166] 郭晓林等. 考虑决策者风险态度的有害物品运输风险度量模型 [J]. 系统工程, 2007 (6).

[167] 任常兴. 基于风险分析的危险品道路运输路径优化方法研究 [D]. 南开大学博士学位论文, 2007.

[168] 陈开朝. 危险品运输空间决策支持系统中的风险评价和路径决策 [D]. 复旦大学硕士学位论文, 2008.

[169] 王立新著. 城市固体废弃物管理手册 [M]. 中国环境科学出版社, 2007.

[170] 杜栋等著. 现代综合评价方法与案例精选 [M]. 清华大学出版社, 2008.

[171] 汪定伟等. 智能优化算法 [M]. 高等教育出版社, 2007.

[172] Zadeh L. A. Fuzzy sets [J]. Information and Control, 1965, 8.

[173] 刘宝碇, 彭锦. 不确定理论教程 [M]. 清华大学出版社, 2005.

[174] 郎茂祥. 配送车辆优化调度模型与算法 [M]. 电子工业出版社, 2009.

[175] 林锉云, 董加礼. 多目标优化的方法与理论 [M]. 吉林教育出版社, 1992.

[176] 彭程. 敏捷供应链中的物流系统节点研究 [D]. 大连海事大学硕士学位论文, 2003.

附 录

附录1 客户与客户之间的距离表

距离	1	2	3	4	5	6	7	8	9	10	11	12	13	14	15	16	17	18	19	20	21	22	23	24	25	26	27	28	29	30
1	0	22	93	21	33	81	47	50	95	116	91	103	126	90	146	117	155	146	116	199	153	146	171	192	160	179	181	178	225	218
2	22	0	71	13	21	60	33	36	75	96	74	87	108	82	127	151	138	131	112	181	142	141	158	176	159	169	174	176	211	207
3	93	71	0	76	70	25	62	63	34	40	54	59	61	88	76	95	94	100	125	130	125	142	132	138	173	152	166	184	174	180
4	21	13	76	0	11	61	26	28	75	96	69	82	105	71	125	149	134	125	100	178	133	129	151	171	147	160	163	164	204	199
5	33	21	70	11	0	53	15	17	65	86	58	71	95	61	114	138	123	113	91	166	122	120	139	159	139	149	153	155	193	187
6	81	60	25	61	53	0	41	41	17	36	30	38	50	63	69	91	83	83	100	124	104	118	114	125	148	132	144	160	161	163
7	47	33	62	26	15	41	0	3	51	73	43	56	80	49	100	124	108	99	82	152	109	109	125	144	131	136	141	147	179	174
8	50	36	63	28	17	41	3	0	51	72	42	54	79	46	98	123	106	96	79	150	106	106	123	142	128	133	138	144	176	171
9	95	75	34	75	65	17	51	51	0	22	22	25	34	59	52	75	66	68	94	107	91	109	99	109	141	118	132	151	145	148
10	116	96	40	96	86	36	73	72	22	0	38	34	22	74	36	57	54	63	106	91	91	116	95	98	151	117	134	158	134	141
11	91	74	54	69	58	30	43	42	22	38	0	13	38	37	57	82	64	58	72	108	75	89	87	103	120	103	114	131	138	136
12	103	87	59	82	71	38	56	54	25	34	13	0	27	41	46	70	52	46	73	96	66	85	76	90	118	94	123	127	126	125
13	126	108	61	105	95	50	80	79	34	22	38	27	0	67	20	44	33	41	94	74	71	99	73	77	135	96	114	140	113	119
14	90	82	88	71	61	63	49	46	59	74	37	41	67	0	83	105	81	63	37	123	63	60	82	107	86	89	92	99	138	128

续表

距离	1	2	3	4	5	6	7	8	9	10	11	12	13	14	15	16	17	18	19	20	21	22	23	24	25	26	27	28	29	30
15	146	127	76	125	114	69	100	98	52	36	57	46	20	83	0	24	22	41	106	55	72	106	68	64	142	94	114	145	100	110
16	117	151	95	149	138	91	124	123	75	57	82	70	44	105	24	0	29	54	125	16	83	120	73	57	157	99	122	157	89	106
17	155	138	94	134	123	83	108	106	66	54	64	52	33	81	22	29	0	25	97	44	54	91	48	44	127	73	95	128	80	89
18	146	131	100	125	113	83	99	96	68	63	58	46	41	63	41	54	25	0	73	62	31	66	32	46	103	54	73	104	80	80
19	116	112	125	100	91	100	82	79	94	106	72	73	94	37	106	125	97	73	0	134	56	31	78	109	49	73	67	64	132	115
20	199	181	130	178	166	124	152	150	107	91	108	96	74	123	55	16	44	62	134	0	81	120	63	35	155	87	111	150	57	79
21	153	142	125	133	122	104	109	106	91	91	75	66	71	63	72	83	54	31	56	81	0	39	30	53	74	28	43	74	77	66
22	146	141	142	129	120	118	109	106	109	116	89	85	99	60	106	120	91	66	31	120	39	0	58	91	37	45	36	42	107	87
23	171	158	132	151	139	114	125	123	99	95	87	76	73	82	68	73	48	32	78	63	30	58	0	32	91	26	49	87	56	49
24	192	176	138	171	159	125	144	142	109	98	103	90	77	107	64	57	44	46	109	35	53	91	32	0	123	53	77	116	36	48
25	160	159	173	147	139	148	131	128	141	151	120	118	135	86	142	157	127	103	49	155	74	37	91	123	0	72	52	21	134	109
26	179	169	152	160	149	132	136	133	118	117	103	94	96	89	94	99	73	54	73	87	28	45	26	53	72	0	24	64	63	43
27	181	174	166	163	153	144	141	138	132	134	114	123	114	92	114	122	95	73	67	111	43	36	49	77	52	24	0	40	82	57
28	178	176	184	164	155	160	147	144	151	158	131	127	140	99	145	157	128	104	64	150	74	42	87	116	21	64	40	0	122	95
29	225	211	174	204	193	161	179	176	145	134	138	126	113	138	100	89	80	80	132	57	77	107	56	36	134	63	82	122	0	30
30	218	207	180	199	187	163	174	171	148	141	136	125	119	128	110	106	89	80	115	79	66	87	49	48	109	43	57	95	30	0

附录2　　各路段的基本信息

路段	人口密度（人/km²）	环境面积（km²）	路段面积（km²）	财产损失（10⁶元）
G_1-T_1	420	113	23	750
G_2-T_1	387	112	20	500
G_3-T_1	608	117	26	840
G_4-T_1	782	129	34	1030
G_5-T_1	841	187	53	1260
G_6-T_1	802	156	41	1109
G_7-T_1	711	134	46	1114
G_8-T_1	745	148	60	1280
G_9-T_1	989	209	87	1467
G_{10}-T_1	1027	223	59	1276
G_{11}-T_1	1000	217	49	1120
G_{12}-T_1	1234	250	90	1341
G_{13}-T_1	961	196	60	1056
G_1-T_2	600	114	24	780
G_2-T_2	789	149	40	1060
G_3-T_2	623	120	36	810
G_4-T_2	310	96	12	380
G_5-T_2	606	116	26	781
G_6-T_2	730	149	40	1061
G_7-T_2	798	214	59	1123
G_8-T_2	1096	242	71	1246
G_9-T_2	968	230	68	1198
G_{10}-T_2	623	120	36	810
G_{11}-T_2	392	109	16	460

续表

路 段	人口密度 (人/km^2)	环境面积 (km^2)	路段面积 (km^2)	财产损失 (10^6元)
G_{12}-T_2	747	154	43	1190
G_{13}-T_2	762	209	54	1110
G_1-T_3	630	125	30	1030
G_2-T_3	418	100	22	745
G_3-T_3	429	103	24	750
G_4-T_3	880	165	48	1120
G_5-T_3	760	140	36	1009
G_6-T_3	429	103	25	756
G_7-T_3	400	92	17	543
G_8-T_3	510	110	29	896
G_9-T_3	896	168	50	1109
G_{10}-T_3	843	149	42	1023
G_{11}-T_3	850	150	43	1024
G_{12}-T_3	968	180	65	1280
G_{13}-T_3	629	122	54	1020
G_1-T_4	798	140	36	1160
G_2-T_4	1000	168	49	1300
G_3-T_4	660	132	28	1050
G_4-T_4	510	110	20	890
G_5-T_4	416	100	16	740
G_6-T_4	782	136	30	1100
G_7-T_4	1080	209	62	1456
G_8-T_4	1260	240	76	1500
G_9-T_4	986	165	48	1296

续表

路 段	人口密度（人／km^2）	环境面积（km^2）	路段面积（km^2）	财产损失（10^6元）
G_{10}-T_4	420	101	18	750
G_{11}-T_4	330	96	10	600
G_{12}-T_4	510	110	20	890
G_{13}-T_4	960	143	40	1200
G_1-T_5	1360	250	80	1430
G_2-T_5	1400	256	88	1500
G_3-T_5	1090	210	68	1369
G_4-T_5	1300	243	76	1400
G_5-T_5	660	134	39	860
G_6-T_5	800	146	47	930
G_7-T_5	860	150	56	1200
G_8-T_5	880	157	59	1263
G_9-T_5	400	100	16	600
G_{10}-T_5	530	116	23	823
G_{11}-T_5	843	149	50	1120
G_{12}-T_5	401	101	18	606
G_{13}-T_5	542	120	25	840
T_1-D_1	850	146	56	1200
T_2-D_1	400	100	18	600
T_3-D_1	1110	240	76	1440
T_4-D_1	650	130	36	900
T_5-D_1	1560	300	110	1690
T_1-D_2	1260	240	78	1480
T_2-D_2	1500	280	106	1650

续表

路 段	人口密度 (人/km^2)	环境面积 (km^2)	路段面积 (km^2)	财产损失 (10^6元)
T_3-D_2	1100	230	70	1400
T_4-D_2	1496	256	100	1600
T_5-D_2	980	200	60	1363
T_1-D_3	1640	340	118	1700
T_2-D_3	1490	260	104	1620
T_3-D_3	1000	206	69	1365
T_4-D_3	1106	234	75	1408
T_5-D_3	540	110	28	800

附录 3 废弃物产生点与潜在处理中心、填埋场之间的距离表

距离	G1	G2	G3	G4	G5	G6	G7	G8	G9	G10	G11	G12	G13	T1	T2	T3	T4	T5	D1	D2	D3
G1	0	22	26	27	53	48	65	87	96	62	45	88	75	34	42	53	62	108	46	99	113
G2	22	0	24	48	59	43	52	73	92	68	57	94	69	23	62	33	77	110	68	84	106
G3	26	24	0	41	35	22	41	63	71	45	37	71	49	46	50	36	57	87	64	74	87
G4	27	48	41	0	48	58	81	103	98	56	32	78	81	59	17	75	42	103	23	114	117
G5	53	59	35	48	0	28	52	69	51	10	18	36	39	81	44	63	32	57	68	79	70
G6	48	43	22	58	28	0	25	46	50	34	40	58	27	65	62	36	59	68	81	57	65
G7	65	52	41	81	52	25	0	22	50	55	65	74	27	72	86	27	83	76	104	34	59
G8	87	73	63	103	69	46	22	0	50	70	85	84	34	91	107	43	101	78	126	11	50
G9	96	92	71	98	51	50	50	50	0	44	68	43	25	115	94	77	76	28	118	53	20
G10	62	68	45	56	10	34	55	70	44	0	25	26	38	90	50	70	33	47	75	79	64
G11	45	57	37	32	18	40	65	85	68	25	0	46	57	77	26	71	20	71	50	95	88

续表

距离	G1	G2	G3	C4	G5	C6	G7	G8	G9	G10	G11	G12	G13	T1	T2	T3	T4	T5	D1	D2	D3
G12	88	94	71	78	36	58	74	84	43	26	46	0	50	117	68	94	42	29	93	91	61
G13	75	69	49	81	39	27	27	34	25	38	57	50	0	91	82	52	70	49	104	42	38
T1	34	23	46	59	81	65	72	91	115	90	77	117	91	0	76	49	95	133	74	101	128
T2	42	62	50	17	44	62	86	107	94	50	26	68	82	76	0	86	28	95	25	118	114
T3	53	33	36	75	63	36	27	43	77	70	71	94	52	49	86	0	91	100	98	94	85
T4	62	77	57	42	32	59	83	101	76	33	20	42	70	95	28	91	0	71	52	111	96
T5	108	110	87	103	57	68	76	78	28	47	71	29	49	133	95	100	71	0	120	82	40
D1	46	68	64	23	68	81	104	126	118	75	50	93	104	74	25	98	52	120	0	137	138
D2	99	84	74	114	79	57	34	11	53	79	95	91	42	101	118	94	111	82	137	0	49
D3	113	106	87	117	70	65	59	50	20	64	88	61	38	128	114	85	96	40	138	49	0